神奇的世界 SHENQI DE SHIJIE

物理学秘史

陈敦和 主编

上海科学技术文献出版社
Shanghai Scientific and Technological Literature Press

图书在版编目(CIP)数据

物理学秘史/陈敦和主编. —上海:上海科学技术文献出版社,2019

(神奇的世界)

ISBN 978 - 7 - 5439 - 7893 - 5

Ⅰ.①物… Ⅱ.①陈… Ⅲ.①物理学史—普及读物 Ⅳ.①O4 - 09

中国版本图书馆 CIP 数据核字(2019)第 081140 号

组稿编辑:张 树
责任编辑:王 珺

*

物理学秘史

陈敦和 主编

*

上海科学技术文献出版社出版发行
(上海市长乐路 746 号 邮政编码 200040)
全 国 新 华 书 店 经 销
四川省南方印务有限公司印刷

*

开本 700×1000 1/16 印张 10 字数 200 000
2019 年 8 月第 1 版 2021 年 6 月第 2 次印刷
ISBN 978 - 7 - 5439 - 7893 - 5
定价:39.80 元
http://www.sstlp.com

曾经有位科学家说过这样一句话：没有物理学素养的民族是愚昧的民族！

物理学是一门以实验为基础的、目前发展最成熟、被人们公认为最重要的基础科学，它是具有方法论性质、高度定量化的精密科学。没有物理学，很难想象我们的社会还能发展下去。从地球运动到蚂蚁搬家，从宇宙射线到手机信号，从航天飞机到眼前的水杯，从闹钟到抽水马桶，从眼镜到车轮，我们身边一切的一切都离不开物理学。正如国际纯粹物理和应用物理联合会第23届代表大会的决议《物理学对社会的重要性》指出的，物理学是一项国际事业，它对人类未来的进步起着关键性的作用。

一百年前，以爱因斯坦为代表的物理学家们建立了相对论和量子力学，为物理学的飞速发展插上了双翅，取得了空前辉煌的成就，以至于人们将20世纪称为"物理学的世纪"。那么21世纪呢？有一种流行的说法：21世纪是生命科学的世纪。其实，这句话更确切的表述应该是：21世纪是物理科学全面介入生命科学的世纪。生命科学只有与物理科学相结合，才有可能获得更大的发展。

本书通过日常生活的所见所闻，采用通俗易懂的语言，将一些有趣的现象用物理知识予以解释，故事新颖多样，内容生动活泼，尽可能地将物理学上的重要而抽象的概念、定律和公式通俗化，以加深青少年对物理科学知识的认识，帮助他们正确掌握学习物理的方法。同时，培养青少年从多方位、多角度去认识同一问题的能力，从而开阔视野、启发思维。

本套丛书在每一小节后面设有"扩展阅读"和"知识链接"模块，用以提高青少年的阅读兴趣和了解更多的知识。

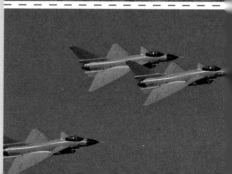

目录 Contents

Ch1 1 运动——人类离不开的生活方式

Ch2 19 光——驱逐黑暗的使者

Ch3 39 声音——人类语言的桥梁

物理学秘史

神奇的世界

III

目

录

力——无时无刻不存在的影子

Ch4 61

磁——看不见、摸不着的力量

Ch5 87

热——与人息息相关的隐形精灵

Ch6 105

目录
Contents

神奇的世界

第一章

运动——人类离不开的生活方式

运动是物质的固有属性和存在方式，物质是运动的载体，世界上没有不运动的物质，也没有离开物质的运动。运动具有守恒性，其具体形态则是多样的，其能量是互相转化的，在转化中遵循能量守恒定律。本章将通过各种生活趣事，让青少年了解物理的运动学与人类的密切关系。

人的行动竟有这么快

优秀的径赛运动员跑完1500米，大约需要3分35秒，世界纪录是由摩洛哥选手西查姆·埃尔·奎罗伊在1998年国际田联黄金联赛罗马站创造的3分26秒。如果把这个速度跟普通步行速度每秒钟1.5米做一个比较，必须先做一个简单的计算。计算的结果告诉我们，这位运动员跑的速度竟达到每秒钟7米之多。当然，这两个速度实际上是不能够相比的，因为步行的人虽然每小时只能走5公里，却能连续走上几小时，而运动员的速度虽然很高，却只能够持续很短一会儿。步兵部队在急行军的时候，速度只有赛跑的人的三分之一，他们每秒钟走2米，或每小时走7公里多些，但是跟赛跑的人相比，他们的长处是能够走很远很远的路程。

世界上跑得最快的人

在2009年8月16日柏林田径世界锦标赛100米决赛中，牙买加运动员尤塞恩·博尔特以9秒58的成绩再次大幅度刷新了百米世界纪录，他的平均速度达到10.43米/秒！他是目前世界上跑得最快的人。一般地，短跑运动员的速度约为10米/秒；长跑运动员的速度约为7米/秒；跳远运动员的速度为9.5米/秒；跳高运动员的速度为6.7米/秒；游泳运动员的速度为2米/秒，而人的步行速度一般为1.5米/秒。

假如我们把人的正常步行速度去跟行动迟缓的动物——比如蜗牛或者乌龟的速度相比，那才有趣呢。蜗牛可以算是行动最缓慢的动物：它每秒

扩展阅读

随着科学技术的飞速发展，现代交通工具的速度也越来越快。汽车的最高时速已达1019.7千米/小时，即每秒284米；超音速飞机的速度已达3529.56千米/小时，等于980米/秒；高速火车的速度达到每小时380公里，即每秒跑105米；由于人类发明了机器，所以人就成了世界上行动最快的一种动物。

钟只能够前进1.5毫米，也就是每小时前进5.4米，恰好是人步行速度的千分之一！另外一种典型的行动缓慢的动物就是乌龟，它只比蜗牛爬得稍快一点，它的普通速度是每小时70米。

人跟蜗牛、乌龟相比，当然显得十分敏捷，但是，假如跟周围另外一些行动还不算太快的东西相比，那就另当别论了。是的，人可以毫不费力地追过大平原上河流的流水，也不至于落在中等速度的微风后面。但是，如果想跟每秒钟飞行5米的苍蝇来较量，那人就只有在雪地上滑雪橇才能追得上。至于想追过一头野兔或是猎狗的话，那么人即使骑上快马也追不到。如果想跟老鹰比赛，那么人只有一个办法：坐上飞机！

各种速度知多少

人的神经脉冲沿神经纤维的传导速度可达100米/秒左右；血液压入主动脉的速度为 0.2 米/秒；而食物在肠里的移动速度较为缓慢，为 0.005米/秒。陆地上跑得最快的动物是猎豹，其速度为33米/秒；水中的游泳冠军是旗鱼，速度为37米/秒；空中飞行速度纪录的保持者当属金鹰，它在俯冲时的速度可达44米/秒。乌龟的爬行速度为1.9×10^{-2}米/秒；而蜗牛这位被人们当作慢的象征的动物，其爬行速度为1.6×10^{-3}米/秒。

当然"慢速冠军"非原生动物

↓歼—10攻击机

莫属了，阿米巴原虫的运动速度为5×10^{-6}米/秒，比蜗牛还要慢几百倍。人在其生命的第一年里生长最为迅速，身高可增长0.25米，即生长速度约为10^{-8}米/秒；指甲的生长速度为10^{-9}米/秒；头发的生长速度为4×10^{-9}米/秒。我们常常把事物成长比作雨后春笋。一棵一昼夜之间可拔高40厘米的春笋，其生长速度也只有4.5×10^{-6}米/秒，比阿米巴原虫的运动速度还慢。生长速度仅次于春笋的是蘑菇，约为2×10^{-7}米/秒。

知识链接

在地球自转的时候，赤道上的运动速度为4.65×10^2米/秒；地球在其轨道上绕太阳运行的速度为2.98×10^4米/秒，即每秒约跑30公里；而太阳围绕银河系中心的运行速度则为2.5×10^5米/秒。

抓住这千分之一秒

千分之一秒，在这样短促的时间里能够做些什么事情呢？古人说："一寸光阴一寸金。"然而，在生活中我们常听到某些人说在打发时间。打发时间就是打发生命。要知道，一秒钟很短，千分之一秒更短，而在这更短的时间里，却发生着我们不曾注意的事情。

你该注意这些了

在我们四周生活着微小生物，假如它们会思想，大概不会把千分之一秒当作"无所谓"的一段时间，更不会去"打发"时间。对于一些小昆虫来说，这个时间很容易被察觉出来。一只蚊子，在一秒钟之内要上下振动它的翅膀500～600次之多。因此，在千分之一秒里，它来得及把翅膀抬起或放下一次。火车在千分之一秒的时间里只能跑3厘米，可是声音就能够传递33厘米，超音速飞机大约能够飞出50厘米。至于地球，它可以在千分之一秒里绕太阳转30米，而光呢，可以穿越300公里！

格陵兰岛的冰川平均每秒融化1620立方米，即在千分之一秒融化1.6立方米，也就是1.6吨的水。一秒钟，全世界的耕地会减少2300平方米，也就是千分之一秒减少2.3平方米。

↓冰山

知识链接

运动速度最快的要数微观粒子。原子中外层电子在其轨道上的速度约为2.2×10^6米/秒，磁场中作高速运动的μ介子的速度已高达0.998倍的光速。科学家们相信，自然界中跑得最快的是光，它的速度为2.9979×10^8米/秒，这是物体运动速度的极限。

千分之一秒转瞬即过，瞧，你看到这个"瞧"字时千分之一秒又过去了！

❖❖ 眨眼的瞬间

人类自然不可能让自己的器官做出像昆虫那样快的动作。我们最快的一个动作是"眨眼"，就是所谓"转瞬"或"一瞬"的意思。这个动作进行得非常之快，使我们连眼前暂时被遮暗都不会觉察到。但是，很少有人知道，这个所谓无比快的动作，假如用千分之一秒做单位来测量的话，却是进行得相当缓慢的。根据精确的测量，"转瞬"的全部时间平均是0.4秒，也就是400个千分之一秒。

眨眼可以分为几步动作：上眼皮垂下，上眼皮垂下以后静止不动，上眼皮再抬起。这样你可以知道，所谓"一瞬"其实是花了一个相当长的时间，这期间眼皮甚至还来得及做一个小小的休息。所以，假如我们能够分辨出在每千分之一秒里发生的景象，那么我们便可以在眼睛的"一瞬"间看到眼皮的两次移动以及这两次移动之间的静止情形了。

扩展阅读

现代科学仪器能够测到的最短时间，是本世纪初测出的是万分之一秒；现在，物理实验室里可以测到的最短时间是千亿分之一秒。这个时间跟一秒钟的比值，大约和一秒钟跟3000年的比值相等！看，这千分之一秒又过去了。

↓眼睛

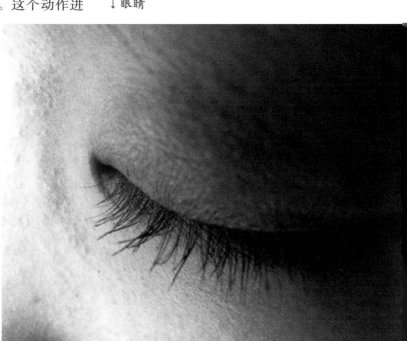

买一个时间放大镜

放大镜在我们日常生活中经常见到，但"时间放大镜"又是什么呢？去哪里买呢？让我们一起来看看这到底是怎么一回事吧。

慢动作。关于这一点，读者们大概在电视上已经看到过，例如比赛场上跳水选手起跳、翻转、入水等的缓慢动作以及各种滞延和分解动作。

随着科技的进步，不断有更加复杂的仪器被发明和使用，人们已经可以将时间"放大"得更大，也就是拖到更缓慢的程度。

用摄像机来放大

所谓"时间放大镜"其实只是一种摄像机，它和普通摄像机不同的地方，只在于它不像普通摄影机那样每秒钟只拍摄24张照片，而是能拍出更多的照片。假如把它拍出的片子用每秒钟24张的普通速度放映出来，那么观众就可以看到拖长的动作，也就是所谓的

时间和速度赛跑

根据狭义相对论的观点，在同一惯性系下时间是均匀流逝，所有物理学规律都是不变的。但在不同的惯性系下，时间就表现出了相对性，简单地说，就是高速运动的惯性系相对于低速运动的惯性系时间要过得慢一些；如果达到了相对论所预言的光速时，时间就被认为是做无限地膨

↑摄影机

根据爱因斯坦相对论中关于时间和速度的关系，当速度接近甚至达到光速时，时间的流逝也就停止了。但速度如果超过光速，理论计算结果是时间倒退。所以，相对论认为没有物体的速度可以超过光速，理论上来说达到或超过光速是不可能的。

扩展阅读

速度是建立在时间的基础上的。有了时间才会有速度，没有时间是不会有速度的。速度是时间的产物，它永远不可能超越时间。没有什么速度能打破时间，更不会有什么速度是负时间的。

胀，也就是说，如果超过光速，时间会发生倒流——也就是时光逆转！

这是所有物理学家都极力回避的一个问题，因为它将从根本上破坏因果律。不过，截至目前，这个问题还完全可以克服，因为在相对论计算中我们可以发现，物体的惯性会随着速度的增加而增大，当物体的速度达到光速时，它的惯性是无穷大的，也就是说任何大的推动力都不可能将有质量的物体加速到光速，以接近光速飞行出去再返回地球看到家人老去的情况也是根本不存在的，这种情况在相对论提出后产生的一个经典的"双生子悖论"中得到了解决。

另外，速度对时间的影响现在也在实验中被证明了。在高能加速器中碰撞产生的高速运动的新粒子，生存周期要远大于理论计算中静止状态下的生存周期。这并不是说粒子的生存周期因为高速而变长了，而是它所在的惯性系的时间膨胀了，在我们低速惯性系下测量的话它的时间就变长了。

知识链接

双生子悖论也叫双生子佯谬，是一个有关狭义相对论的思想实验。它的内容是这样的：有一对孪生兄弟，其中一个跨上一架宇宙飞船进行长程太空旅行，而另一个则留在地球。结果，当旅行者回到地球后，发现他比留在地球的兄弟更年轻。这个结果是由狭义相对论推测出来的，而且能够通过实验来验证：我们能够探测到于大气层上层产生的 μ 介子，如果没有时间膨胀，那些 μ 介子在未到达地面之前就已经衰变了。

↓物体的惯性会随着速度的增加而增大

飞机上送信的奥秘

在飞机上如何给你送信呢？送的信是否能准确地落在你家门前呢？请跟我一起去探索其中的奥秘吧。

小幻想小证明

设想你正在一架高空飞行着的飞机里，下面是你熟悉的地方，现在就要飞过你朋友的住宅了。突然间，你想"最好能问候他一下"，于是你很快在便条纸上写了几个字，把纸缚在一块石头上，等飞机恰好飞到这所住宅上空的时候，让石头落下去。

虽然院子和住宅正在你下面，但是，石头会如愿地落到你朋友家里吗？答案是：不会！

如果留心看着这块石头从飞机上往下落，你就会看到一个奇怪的现象：石头在往下落，可却仍旧在飞机下面，好像顺着缚在飞机上的一条看不见的线往下滑一样。这样，等石头

到达地面的时候，它也就落在了离你朋友家很远的前方了。

这里出现的还是那个妨碍着我们的惯性定律。当石头还在飞机里的时候，它是同飞机一起前进的。你让

知识链接

牛顿第一运动定律，又称惯性定律，它科学地阐明了力和惯性这两个物理概念，正确地解释了力和运动状态的关系，并提出了一切物体都具有保持其运动状态不变的属性——惯性，它是物理学中一条基本定律。

民航飞机→

它落下去，可是在它离开飞机往下落的时候，并没有失掉原来的速度，因此，在它落下的同时，它还要朝着原来的方向继续前进。一种是竖直的运动，一种是水平的运动，两种运动合在一起，结果，这块石头就始终留在飞机下面，沿着一条曲线往下飞。这块石头的飞行路线，实际上就像按水平方向抛出去的物体一样，例如从枪里射出去的子弹，它走的路线总是一条弧线，最后才到达地面。

原来是在空中变向了

不过需要指出，如果没有空气的阻力，上面所说的一切当然是完全正确的。但是事实上，空气的阻力阻

↑ 降落伞

扩展阅读

不受任何阻力，只在重力作用下降落的物体，叫"自由落体"。如在地球引力作用下由静止状态开始下落的物体。地球表面附近的上空可看作是恒定的重力场，如不考虑大气阻力，在该区域内的自由落体运动是匀加速直线运动，其加速度恒等于重力加速度g。虽然地球的引力和物体到地球中心距离的平方成反比，但地球的半径远大于自由落体所经过的路程，所以引力在地面附近可看作是不变的，自由落体的加速度即是一个不变的常量，它是初速为零的匀加速直线运动。

碍着石头的竖直运动和水平运动。因此，石头不会总是正在飞机下面，而要稍微落在它后面一些。

如果飞机飞得很高很快，石头偏离竖直线就会很明显。在没有风的天气里，飞机在1000米的高空用每小时100公里的速度飞行，从飞机上落下来的石头，一定会落在竖直落下地点的前面大约400米的地方。

它们的速度居然一样

在我们日常生活中，你有没有注意到一些细微的事情呢？当一本书和一支笔同时从书桌上掉下来时，你是先看到书落地，还是先看到笔落地？如果在学校做个实验，朝楼下同时扔一个粉笔和一个大纸团，你看看哪个先落地？这就让我们一起去探索一下其中的奥秘吧。

一直都是这样的观点

在人们主观印象中，通常会觉得，从高处落下的物体重量越大，落得越快。两千多年前的古希腊哲学家亚里士多德就是这样看待落体的，他的观点在漫长的两千年里一直为人们所认可，谁也没有想到去推敲研究。可是到了17世纪，却有一位物理学家不以为然，他通过理性思维及无可辩驳的实验事实推翻了亚里士多德的错误观点，建立了正确的自由落体观点，这个人就是经典物理学的创始人

之一——伽利略。让我们来看看伽利略是如何推翻亚里士多德的观点的。

一个实验证明了一切

设想有A、B两个球，B球比A球重。按照亚里士多德的观点，B球下落的速度会比A球快些，如果同时从同一高度让A、B两个球自由下落，则B球先落地，A球后落地。伽利略想，如果

↓硬币落地

知识链接

亚里士多德（公元前384～公元前322年），古希腊斯吉塔拉人，世界古代史上最伟大的哲学家、科学家和教育家之一，是柏拉图的学生，亚历山大大帝的老师。公元前335年，他在雅典办了一所叫吕克昂的学校，被称为逍遥学派。马克思曾称亚里士多德是古希腊哲学家中最博学的人物，恩格斯称他是古代的黑格尔。

我们把 A 球和 B 球用很轻的丝线拴在一起让它们自由下落，它们会怎样运动呢？按亚里士多德的理论，由于B球比 A球重，B球的运动速度快些，B球会通过丝线牵动A球下落；A球运动比B球慢，它就会向上拉B球，最后由于丝线的联系，A、B两球一起运动的速度要比A球单独下落时快些，而比B球单独下落时慢些。

可是作为连在一体的A、B两球的总重量既比单独的A球重，又比单独的B球重，因此它们一起运动的速度既要比A快，又要比B快才对。显然这是相互矛盾的，要想解决这个矛盾，我们只能认为一开始的观点是不对的，即A、B两球下落的速度不应与重量有关，它们的速度应该是相等的。为了解决这个问题，伽利略决定以事实来加以证明。1589年，年仅25岁的伽利略亲自登上了比萨塔，将同样大小的木球和铁球握在手中，并同时从塔顶放手，让它们自由下落，随着"啪"的一声，宣告了统治了两千多年的自由落体运动规律的破产，新的自由落体规律诞生了，这就是著名的"比萨塔实验"。

扩展阅读

伽利略的测量指出，不管物体的质量是多少，其速度增加的速率是一样的。例如，在一个沿水平方向每走10米就下降1米的斜面上，我们释放一个球，则一秒后球的速度为每秒1米，2秒后为每秒2米等等，而不管这个球有多重。当然，1个铅球与羽毛同时下落时，铅球下落的速度会快得多，那是因为空气对羽毛的阻力引起的。

比萨斜塔→

没有摩擦，世界会怎样

你看，在我们的周围有着各种各样的摩擦，这些摩擦同我们的生活密不可分。假如世界上突然没有摩擦的话，许多普通现象就会完全按照另一种方式进行。为什么我们能走路？因为我们的鞋同地面有摩擦力；为什么缆绳能系紧？因为缆绳之间有摩擦力；为什么拖一个木箱很吃力？还是因为木箱同地面有摩擦力。

摩擦与运动

法国物理学家希洛姆对于摩擦现象曾经有过生动的描写：

"我们有时候走上了结冰的路。为了使身体不致跌倒，我们得用多少力气；为了站稳，又得做多少可笑的动作！这就不得不让我们承认，我们平时所走的路面有多么宝贵的性质，由于这种性质，我们才不必特别用力就能保持平衡。当我们骑着自行车在很滑的路上滑倒的时候，或是马在柏油路上滑倒时，我们也会产生同样的思想。"

研究了类似的现象以后，我们就可以看出摩擦带给我们的作用了，所以工程师们竭力除掉机器中的摩擦。在应用力学里，常常把摩擦说成是最不好的现象，这种说法只是在几个狭窄的领域里才能算是对的。在大多数情况下，我们还应当感谢摩擦：它使

扩展阅读

一个物体沿另一物体表面做匀速直线运动的时候，拉力和摩擦力平衡，所以两个力相等。但是，要使物体的速度加快，就要增加拉力使物体加速。如果一直使拉力大于摩擦力的话，物体就会一直加速下去。如果物体加速了一定时间后就让物体变成匀速直线运动，那么物体的速度会比原来的速度大，但此时拉力又等于摩擦力了。

我们能够毫不提心吊胆地走路、坐定和工作，使书和墨水瓶不会落在地板上，使桌子不会自己滑向墙角；使钢笔不会从手里滑掉。

摩擦能够促进稳定，因此我们利用摩擦来刹车，利用摩擦力来使各种建筑保持平衡和稳定。一句话，我们的生活离不开摩擦。

◆◆ 没有摩擦的后果

设想一下，如果我们的周围完全没有摩擦了，这时候任何物体，不论是大石块还是小沙粒，无论方的、圆的还是扁的，所有事物都失去了稳定，所有的东西都要滑着、滚着，直到铺成一个平面为止。如果没有摩擦，地球就像流体一样，变成了一个一点高低都没有的圆球了。

没有了摩擦，铁钉和螺钉会从墙上滑出来，我们的手也不能拿东西，任何建筑物都不可能建造起来，起了旋风就永远不会平息。我们会不断地听到发出的声音的回声，因为它从墙壁上反射回来，一点也没有被削弱。

每一次地面上的冻冰，都使我们清楚地看出摩擦的重要性。遇到街上结冰时，我们需要小心翼翼，稍不留神便会滑倒。

"由于地面结了冰，伦敦的街车和电车运行发生困难。大约有1400人摔坏了手脚，被送入医院。"

"在海德公园附近，三辆汽车跟两辆电车相撞。由于汽油爆炸，车辆全部被烧毁。"

"由于街道结冰，巴黎城和近郊发生了许多不幸事件……"

因为冻冰使摩擦力减小，所以经常造成事故，但是人们也完全可以利用这一点，比如说发明雪橇，建造那用来把树木从伐木的地方运输到铁道或浮送站去的所谓冰路，在这种平滑的冰路上，用两匹马可以拉动装着70吨木材的大雪橇。

知识链接

摩擦力是两个表面接触的物体相互运动时互相施加的一种物理力。广义地说，物体在液体和气体中运动时也会受到摩擦力的影响，但常被直接称为阻力。作为借喻，摩擦力这个词在日常生活中也经常被用来描述阻碍进展的力量。

↓缆绳

第一章 运动——人类离不开的生活方式

探讨车轮上最慢的地方

我们已经知道，对那些只在固定的轮轴上旋转的轮子，例如一只飞轮，它圆周上面各点的移动速度都是相同的。但是，对向前行驶的车轮，它上面各点的移动速度也相同吗？如果不相同，那哪一部分移动的最慢呢？

◆ 探索车轮的谜

试把一张颜色纸片贴在汽车的车轮或者自行车的车胎上，就可以在汽车或者自行车运动的时候看到一件不平常的现象：当纸片在车轮跟地面相接触的那一端的时候，我们可以清楚地辨别纸片的移动；但是，当它转到车轮上端的时候，却很快闪过去了，使你来不及把它看清楚。

这种情形你也可以在随便哪辆行驶着的车子的上下轮辐上看到，车轮子的上半部轮辐几乎连成一片，而下半部的却仍旧可以一条一条辨别清

楚。给人的印象似乎是车轮的上部总要比下部转动得快些啊？

没错，车轮的上半部的确要比下半部移动得更快一些！那原因何在？

我们知道，滚动着的车轮上的每一点都在进行绕轴旋转，又跟轴同时向前移动，因此，就跟前节所说地球的情形一样，两个运动应该加合起来，但这加合的结果对于车轮的上半部和下半部并不相同。对于车轮的上半部，车轮的旋转运动要加到它的前进运动上，因为这两个运动的方向是

↓自行车轮

以轮轴为圆点的话，上下部分速度一样。而车前进时轮轴也是向前运动的，所以上部分的速度要加上轮轴的速度，而下部分要减去轮轴的速度。以地面为参照物，车轮接着地面的那点速度为0，最高点为2V。我们实际感觉车轮各部分速度应该一样，是因为在头脑中自然会选轮轴为参照物，圆周运动各部分线速度大小相等。

相同的；而对于车轮的下半部，车轮的旋转却是向相反方向的，因此要从前进运动里减下来，从而导致车轮上半部移动得比下半部更快一些。

简单的证明实验

为了证明事情的确是这样，我们可以做一个简单的实验：把一根木棒插在一辆车子的车轮旁边的地上，使这根木棒恰好竖直通过车轮的轴心，然后，用粉笔或炭块在轮缘的最上端和最下端各划出一个记号A和B，A和B应该恰好是木棒通过轮缘的地方。现在，把车轮略略滚动，使轮轴离开木棒，如此记号B只离开木棒一点儿，而上面的A点显然比它移动了更大的一段距离。

实际上，车轮与地面的接触点是相对静止的。

任何简单而意义深远的发明都不是凭空出现在人们的脑海中的，必然有什么现象触发了灵感。正如古人见到水里漂着的木头而想到独木舟一样，车轮的发明也是受到了一些自然物的启发。

古书《淮南子》中说，我们的祖先"见飞蓬转而知为车"。"飞蓬"是一种草，其茎高尺许，叶片大，根系入土浅。一有大风，很容易被连根拔起，随风旋转。古人可能就是受到这个现象的启发，发明了车轮和车轴。与鲁班受锯齿草的启发而发明锯子的传说一样，这种说法很可能也只是一个传说，因为轮子在自然界是有原型的。

↓汽车车轮

地球昼夜公转速度之比较

按照现在的观点，宇宙大小不是一成不变的，而是在不断地膨胀。随着宇宙的膨胀，宇宙中的各个星体都在向更远的方向运动，因此能照亮我们地球的就只有离地球最近的太阳，这样地球的自转就会形成地球上的昼夜交替了。那么，你知道地球绕太阳的公转是白天转得快还是黑夜转得快呢？

一个故事里的科学

巴黎的报纸曾经刊出一则广告，里面说每个人只要花二十五块钱，就可以得到又经济又没有丝毫疲惫的旅行方法。于是一些轻率的人按地址寄了二十五块钱过去，最后他们每人得到一封信，内容是这样的：

"先生，请您安静地躺在您的床上，并且请您记牢，我们的地球是在旋转着的。在巴黎的纬度49°上，您每昼夜要跑25000公里以上。假如

您想看看沿路美好的景致，就请您打开窗帘，尽情地欣赏美丽的星空吧！"

这位登广告的家伙终于被人以欺诈的罪名告到法院。据说他听完判决，付出所判的罚金之后，用演话剧的姿态站了起来，郑重地复述了伽利略的话："可是，无论如何它确实是在转着的呀！"

事实上，这位被告在一定意义上是正确的，因为地球上的居民不只绕着地轴旋转，同时还被地球带着以每

扩展阅读

在地球的公转轨道上，有一点距离太阳最近，称为近日点；有一点离太阳最远，称为远日点。如1982年，地球经过近日点的时间是1月4日19时，经过远日点的时间是7月4日22时。由于近点年比回归年长25分7秒，所以地球经过近日点和远日点的日期，每57年要推迟一日。

秒30公里的速度绕着太阳"旅行"。那么，这里就可以提出一个有趣的问题，我们的地球究竟在什么时候绕太阳转得更快一些？是在白昼还是在黑夜？

❖❖ 前所未有的回答 ➜

这个问题很容易引起误会，如果地球的一面在白昼，它的另一面就必然是在黑夜，那么，这个问题的提出究竟有什么意义呢？事实上，这儿要问的并不是整个地球在什么时候转得比较快，而是问，我们地球上的居民在众星之间的移动究竟在什么时候要更快一些。

我们在太阳系里是在进行两种运动的，一是绕太阳公转，二是绕地轴自转。这两种运动可以加到一起，但是结果并不始终相同，要看我们的位置是否在地球的白昼或黑夜的一面来决定。

午夜的时候，地球的自转速度要和它的公转前进速度相加，但是在正午时候刚刚相反，地球的自转速度要从它的公转前进速度里减

去。这样看来，我们在太阳系里的移动，午夜要比正午更快些。

赤道上的每一点，每一秒大约要跑半公里，因此，在赤道地带，正午跟午夜速度的差数竟达到每秒钟整整一公里。而一个懂几何学的人也会不难算出，差数只有一半：某一地的居民，午夜在太阳系里每秒所跑的路，比他们在正午跑的多半公里。

↓赤道经纬仪

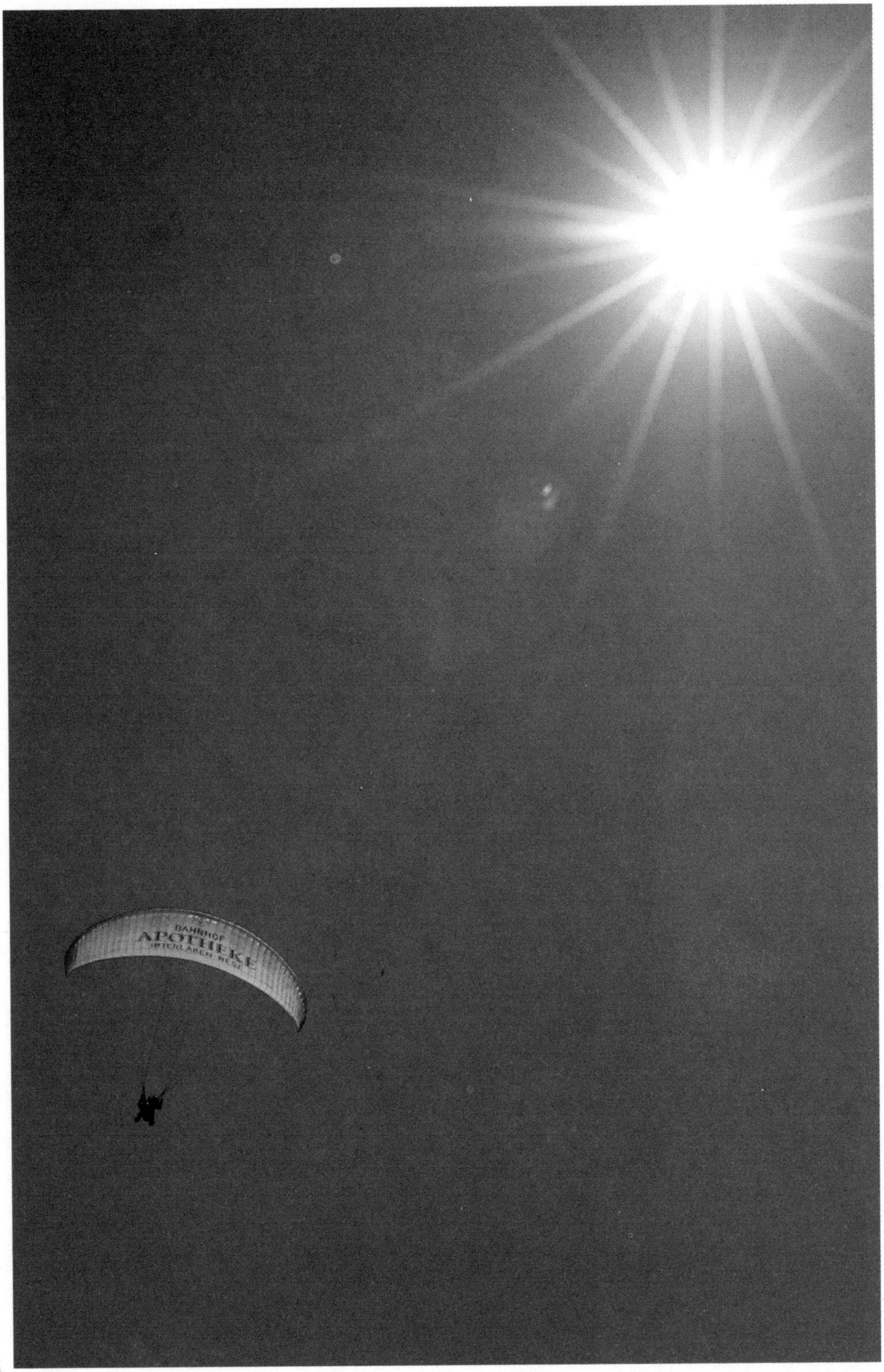
BAHNHOF
APOTHEKE

神奇的世界

第二章

光——驱逐黑暗的使者

光是人眼可以看见的一种电磁波，它由基本粒子——光子组成。光可以在真空、空气、水等透明的物质中传播。一般人的眼睛所能接受的光称为可见光。本章将介绍生活中各种有关光的趣事的起因和本质。

光的发现和研究

你知道什么是光吗？也许你会认为这个问题太简单了，在日常生活中，我们一刻也离不开光：阳光、灯光、闪电发出的光、电焊时电弧发出的光等等。但光这种现象的物理本质是什么呢？要知道，人类可是花了相当长的时间来研究这个问题呢。

❖ 光真的很奇妙

人类很早就认识到光，也很早就开始研究光。人们很早就发现了光的直线传播、反射、折射现象。到了近代，英国伟大的物理学家牛顿发现，当太阳光通过一个三棱镜时，会分成赤、橙、黄、绿、青、蓝、紫7种色光。由于在这个阶段人类能够观察到的都是光的直线传播，所以直到18世纪前期，人们还以为光在本质上是一些微小的弹性粒

子流，这些弹性粒子在均匀介质中做直线运动，当遇到反射面时，这些微粒就在界面上发生弹性碰撞而反射出去，这就是光的微粒学说。

后来随着科学技术的发展，特别是实验手段的进步，人们又发现了比红光波长更长的光和比紫光波长更短的光，但是它们不能被人眼直接看到，也不能使普通照相底片感光。这时，人们才知道我们看到的五光十色、五彩缤纷的光只不过是波长在400纳米至760纳米的一段，人们将它们称为可见光，而红外光和紫外光都是不可见光。

❖ 新的光现象

到18世纪末及19世纪前半叶，

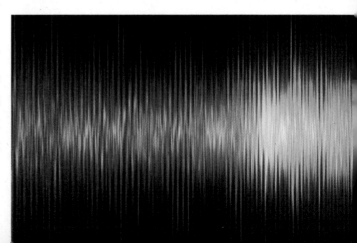

七彩光→

光的干涉现象的发现，在历史上对于光从微粒学说到波动学说的演进，起了不可磨灭的作用。1801年，T.杨提出了干涉原理并首先做出了双狭缝干涉实验，同时还对薄膜形成的彩色做了解释。1811年，法国物理学家阿拉戈首先研究了偏振光的干涉现象。到了现代，光的干涉已经广泛地用于精密计量、天文观测、光弹性应力分析、光学精密加工中的自动控制等许多领域。

人们又发现了有关光的新现象。这就是光通过一些障碍物会发生绕过它而改变传播方向的现象，物理学家把它叫做光的衍射或光的绕射。人们还相继发现了光的干涉现象和光的偏振现象。这些现象用当时光的微粒学说是不可能解释的，于是有人提出了光的波动学说，认为光是一种波。光的波动学说可以很好地解释光的直线传播、反射、折射、干涉、衍射和偏振现象，因而取得了巨大成功，这样光的波动学说就取代了光的微粒学说。进一步的研究还确定了光不仅是波，而且是电磁波。

到了19世纪末，人们发现用紫外光或X光照射某些金属，会从这些金属中打出电子，这种现象被称为光电效应。科学家们经过认真研究，找到了光电效应满足的实验规律，发现用光的波动学说无论如何也不可能解释光电效应现象。为了解释这一现象，爱因斯坦在1905年提出了"光量子"的学说，非常成功地解释了光电效应和其他一些相关的实验事实，为此他获得了1921年度诺贝尔物理学奖。那么到底什么是"光"呢？

现在人们对光有了比较全面、准确的认识——光具有波粒二象性。光在某些情况下表明它是电磁波；而在另外一些现象中表现为粒子性。不过这种粒子已不是原来"粒子说"意义上所说的粒子，人们把它叫作光量子，简称为光子。

↓森林里的阳光

海市蜃楼的传说

你知道蓬莱市在哪儿吗？它是有名的旅游城市，素有"蓬莱仙境"之称。在风平浪静的夏日，站在海边极目远眺，有时就能看见有远山、船舶、城镇、街道上的人流等景物在空中出现。同样，在沙漠中行走的饥渴的旅人，有时候也能看到远处天际出现的绿洲和湖水。这种奇观，就是人们所说的海市蜃楼。那你知道这是如何形成的吗？

海市蜃楼的原因

造成海市蜃楼的原因是海水的热容量很大，在强烈的阳光照耀下，水温也不容易升高。这时，海面上的空气层出现了上暖下冷的现象，

↓蓬莱仙岛

使空气上层的密度减小，空气下层的密度增大。在无风的夏日里，这样的空气层能够保持相对的稳定。

假设在海边有一位观察者，海中有一个小岛。由小岛发出的光从密度大的空气下层向上射，由于空气的密度逐渐变小，所以光会逐渐偏离法线方向，沿着曲线前进。当光线达到某一点时，由于入射角恰好大于临界角，便发生了全反射。光从该点折回，是从密度小的空气上层进入密度大的空气下层，光线会逐渐靠近法线方向，又沿着曲线前进，进入观察者的眼睛。而观察者看到的小岛的像是

据了解,海市蜃楼易发生在海上或沙漠等极空旷之处。我国的渤海由于地理位置特殊,三面陆地环绕,海上岛屿众多,是发生海市蜃楼频率最高的地方。尤其是春夏之交至秋冬季节之前这段时间,时常发生海市蜃楼和海滋等自然奇观。

一块地方,这时由树梢倾斜向下投射的光线,因为是由密度大的空气层进入密度小的空气层,光会发生折射。折射光线到了贴近地面热而稀的空气层时,就发生全反射,光线又由近地面密度小的气层反射回到上面较密的气层中来。这样,经过一条向下凹陷的弯曲光线,把树的影像送到人的眼中,就出现了一棵树的倒影。

这棵树的倒影其实就是下现蜃景。这种倒影很容易给人们造成水边树影的幻觉,以为远处一定是一个湖。凡是曾在沙漠旅行过的人,大都有过类似的经历。

沿着观察者的眼睛经过那一点的切线方向的,很显然这个小岛的像比原来海中的小岛的位置要高一些,是一个虚像。这就是所谓的上线蜃景。除了这种上线蜃景,还有一种下线蜃景。一般在沙漠中出现的蜃景现象属于下线蜃景,这种景象是位于实物下的下线蜃景。

海市蜃楼这样的奇妙景观,并不是很容易看得到的,需要具备天气等条件才能出现。

全反射就是光由光密(即光在此介质中的折射率大的媒质)射到光疏(即光在此介质中折射率小的媒质的界面)时,全部被反射回原媒质内的现象。

沙漠里的诱惑

↓沙漠

在沙漠里,白天沙石被太阳晒得灼热,接近沙层的气温升高极快。由于空气不善于传热,所以在无风的时候,空气上下层间的热量交换极小,遂使下热上冷的气温垂直差异非常显著,并导致下层空气密度反而比上层小的反常现象。在这种情况下,如果前方有一棵树,它生长在比较湿润的

蓝色天空之谜

如果我问天空是什么颜色的，估计很多人会不假思索道出蓝色。那我再问天空为什么是蓝色的，会有几个人清楚呢?

科学依据

19世纪末，英国物理学家瑞利研究了光的散射规律。他发现介质中存在大量不均匀小区域是产生光散射的原因，有光入射时，每个小区域成为散射中心，向四面八方发出同频率的次波，这些次波间无固定相位关系，它们在某方向上的非相干叠加形成了该方向上的散射光。瑞利研究了线度比波长要小的微粒所引起的散射，并于1871年提出了瑞利散射定律：散射光的强度与光的频率的4次方成正比，也就是说光的频率越高，散射光的强度也就越强。

根据瑞利散射定律可知，当太

阳光通过大气层时，大气分子对太阳光的散射强弱对不同颜色的光是不同的。这可以解释天空和大海的蔚蓝色和夕阳的橙红色。

很奇妙的七色光

我们知道太阳光是复色光，它的

扩展阅读

光让我们看到了颜色。光就像波浪一样振动着。它是肉眼看不到的"小颗粒"的集合。振动幅度最短的波呈现紫色，幅度最长的呈现红色。其间从短到长依次为蓝、青、绿、黄、橙，总共有7种颜色的波。7种颜色全部混合在一起会变成什么颜色呢?会变成透明，因为混合了许多光的话，人眼会看不见的。当这7种波碰到叶子时，由于只有绿色波会反弹回来，所以叶子看上去是绿的。邮箱看上去是绿的，大海看上去是蓝的，也是因为呈现这些颜色的波进行反弹的缘故。

可见光部分包含了赤、橙、黄、绿、青、蓝、紫7种颜色的光，其中红光频率最低，紫光频率最高。因此当太阳光发出的"七色光"通过稠密大气层时，大气中的分子对频率较高的紫光和蓝光的散射比其他颜色的光要强烈得多，它们光学的散射强度几乎是红光散射强度的16倍。

因此，被散射而弥散在空中的主要是紫光和蓝光。再加上人们的眼睛对蓝光比对紫光更敏感，因此人们看到的天空就是蓝色的。而在没有大气的太空，由于没有分子散射，宇航员看到的天空就是一片黑暗。

知识链接

传统的彩色相片形成是在片基（底片）上涂上彩色染料，这种彩色染料经曝光后成补色聚结在底片上，通过漂白定影工序把卤化银清洗掉得到一张补色彩色负片，再经过光色把底片颜色映射到补色彩色相纸上。比如一朵红色的花朵和绿色的叶子的图像在底片里，红花是青色（红色的补色是青色），绿叶是品红色（绿色的补色是品红色），最后再经过补色的相纸负负得正，就成了一张红花绿叶的彩色照片了。

↓蓝色天空

彩虹形成之谜

想必大家都见过彩虹吧！彩虹五颜六色，的确很美，但是，当问到彩虹为什么会形成那么多的颜色时，谁能告诉我准确的答案呢？那么，就让我们一起来看看吧。

▶ 小实验大智慧

先让我们做一个小实验：将一束平行的白光斜射到三棱镜上，奇迹出现了，三棱镜后面并没有出现白光，而是出现一条彩色的光带。这条彩色的光带从上至下的顺序是赤、橙、黄、绿、青、蓝、紫，为什么是这样的呢？

事实上，这是由于光线从空气进入玻璃会发生折射，而由于组成白光的各种色光偏折程度不同，这样就在三棱镜后的一个平面上形成了一条彩色的光带，由于红色光的偏折度最小，紫光的偏折度最大，橙、黄、绿、青、蓝光的偏折度介于两者之间，因此出现了七彩光，这就是光的色散现象。

▶ 自然奇观的美

下过雨后，空气中悬浮着许多小水滴，太阳光照到这些小水滴上，就像照在三棱镜上一样，也会发生色散现象，但不同的是，太阳光通过小水滴要经过两次折射和一次全反射，

↓雨后彩虹

复色光分解为单色光的现象叫光的色散。牛顿在1672年最先利用三棱镜观察到光的色散，把白光分解为彩色光带（光谱）。色散现象说明光在媒质中的速度随光的频率而变化。光的色散可以用三棱镜、衍射光栅、干涉仪等来实现。复色光进入棱镜后，由于它对各种频率的光具有不同折射率，各种色光的传播方向有不同程度的偏折，因而在离开棱镜时就各自分散，形成光谱。

然后再从小水滴里射出来。由于紫光偏折得厉害，所以紫光在彩虹的内侧，红光偏折得最轻，所以它在彩虹的外侧，我们看到的彩虹就是外红内紫的。我们知道，彩虹出现的必要条件是有小水滴或小冰粒，还要有太阳光，但是，只有这两个条件还不够，与观察者的角度也很有关系。对地面上的观察者来讲，彩虹一般出现在清晨或傍晚。

彩虹的明显程度取决于空气中小水滴的大小，小水滴体积越大，形成的彩虹越鲜亮，小水滴体积越小，形成的彩虹就不明显。一般冬天的气温较低，在空中不容易存在小水滴，下阵雨的机会也少，所以冬天一般不会出现彩虹。

彩虹其实并非出现在半空中的特定位置。它是观察者看见的一种光学现象，彩虹看起来的所在位置，会随着观察者位置的改变而改变。当观察者看到彩虹时，它的位置必定是在太阳的相反方向。彩虹的拱以内的中央，其实是被水滴反射，放大了的太阳影像。所以彩虹以内的天空比彩虹以外的要亮。彩虹拱形的正中心位置，刚好是观察者头部影子的方向，彩虹的本身则在观察者头部的影子与眼睛一线以上40°～42°的位置。因此当太阳在空中高于42°时，彩虹的位置将在地平线以下，人眼不可见。这也是为什么彩虹很少在中午出现的原因。

扩展阅读

很多时候，人们会看到两条彩虹同时出现，在平常的彩虹外边出现同心，较暗的叫副虹（又称霓）。副虹是阳光在水滴中经两次反射而成的。当阳光经过水滴时，它会被折射、反射后再折射出来。在水滴内经过一次反射的光线，便形成了我们常见的彩虹（主虹）。若光线在水滴内进行了两次反射，便会产生第二道彩虹（霓）。霓的颜色排列次序跟主虹是相反的。由于每次反射均会损失一些光能量，因此霓的光亮度亦较弱。两次反射最强烈的反射角出现在50°～53°，所以副虹位置在主虹之外。因为有两次反射，副虹的颜色次序跟主虹反转，外侧为蓝色，内侧为红色。副虹一定跟随主虹存在，只是因为它的光线强度较低，所以有时不被肉眼察觉而已。

哈哈笑的哈哈镜

我们习惯使用镜子，镜子的镜面很平，照在镜子里的像不会变形，大小比例也不会变。但是照哈哈镜就不同了，我们会变成又高又瘦或又矮又胖等各种各样奇异的模样，非常可笑。人们见到自己变成这个模样，都会忍不住地哈哈大笑，由此，人们将这种镜子称作哈哈镜。

哈哈镜的原理

哈哈镜的镜面不是平面的而是曲面的，有的哈哈镜的镜面还是波浪形的，有的商场里的又高又粗的柱面镜也可以看作是一种哈哈镜。当我们站在商场中的这种柱面镜前，会看到自己变得又高又瘦。那么这种图像是怎样形成的呢？

我们可以试想一下，通过镜面上任意一点，作两个互相垂直的截面。一个截面通过圆柱轴线，是竖直的；

另一个截面是水平方向的。这样，前一个截面在镜面上得到一条垂线，后一个截面在镜面上得到一个圆。所以，在镜子的垂直方向的成像规律相当于一个平面镜的成像规律，而在水平方向上相当于一个球面凸镜。平面镜能形成一个等大正立的虚像，凸镜则能形成一个正立的缩小的虚像。这样，在镜子里你的像，身体宽度缩小了，但高度没有变，就好像被挤瘦了。

本质的所在

对于类似的其他的哈哈镜，我

↓弯道凸镜

凹透镜可以聚光，可制近视眼镜；凸透镜可以散光，可制远视眼镜。凹面镜聚焦是放大镜太阳点火的原理，凸面镜可扩大视野范围，可以利用凹透镜和凸透镜观测遥远物体。通过透镜的光线折射或光线被凹镜反射，使之进入小孔并会聚成像，再经过一个放大目镜而被看到，所以说一个凹透镜和一个凸透镜就能组成一个望远镜。

凹下去的部分相当于凹面镜，人站得较近的时候，照出来的相是正立放大的；若离得较远时，是倒立缩小的。在哈哈镜上，人像的正常比例受到破坏，就会出现一个可笑的形象。

扩展阅读

中国在公元前2000年已有铜镜。但古代多以水照影，称盛水的铜器为鉴。汉代始改称鉴为镜。汉魏时期，铜镜逐渐流行，并有全身镜。最初铜镜较薄，圆形带凸缘，背面有饰纹或铭文，背中央有半圆形钮，用以安放镜子，无柄，形成中国镜独特的风格。明代传入玻璃镜。清代乾隆（1736~1795）以后玻璃镜逐渐普及。日本及朝鲜最初由中国传入铜镜。日本在明治维新时玻璃镜开始普及。

们都可以认为它们的镜面是柱面的一部分。如放倒的柱形棱面镜，我们看到的像正好与前面的相反，是又矮又胖的。道理与刚才的一样，只不过水平方向相当于平面镜，而竖直方向相当于球面凸镜的成像规律。照那种曲面的哈哈镜时，凸出来的部分相当于凸面镜，照出来的相是正立缩小的。

↓近视眼镜是凹透镜

远近高低各不同

同样高的树木，在人眼看来，近处的高而远处的低；向外张望，你会发现远处的高楼看起来比眼前的二层楼还低，你知道这是为什么吗？

与人眼睛构造有关

原来，人眼睛的晶状体就像一个凸透镜，视网膜相当于像面。若想看清某一物体，就必须把它的像落在视网膜上。从人眼瞳孔中心对物体的张角叫作视角，视角的大小决定视网膜上物体的像的大小。同样高的两棵树，离眼睛近的那棵树，它的视角比远处那棵树的视角大，在视网膜上近处的树的像就会比远处的树的像大，因此，近处的树看起来比远处的高。

远点和近点

但是，当物体离得太近或太远的话，人眼也会看不清。这是由于人看

东西时要靠眼睛的晶状体的调节，而晶状体的调节也是有限度的。当眼睛里的肌肉完全放松时，晶状体的两个曲面的曲率半径最大，这时若远处物体能在视网膜上成像，这个物体到眼睛的距离就被称为远点。如果物体在远点之外，人眼就看不清了。当物体接近人眼时，为了能看清物体，人眼必须调节晶状体，挤压晶状体，使晶状体曲率半径变小，以使物体能在视网膜上成像。

当物体拉近到一定距离时，曲率半径已不可能再变小，此时该物体到眼睛的距离就被称为近点。若物体到眼睛的距离比近点还小时，人眼也

↓人眼模型

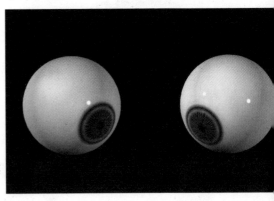

扩展阅读

眼睛是一个可以感知光线的器官。最简单的眼睛结构可以探测周围环境的明暗，更复杂的眼睛结构可以提供视觉。复眼通常在节肢动物（例如昆虫）中发现，通常由很多简单的小眼面组成，并产生一个影像（不是通常想象的多影像）。在很多脊椎动物和一些软体动物中，眼睛通过把光投射到对光敏感的视网膜成像，在那里，光线被接受并转化成信号并通过视神经传递到脑部。通常眼睛是球状的，当中充满透明的凝胶状的物质，有一个聚焦用的晶状体，通常还有一个可以控制进入眼睛光线多少的虹膜。

就看不清该物体了，正常眼睛的近点在距离眼睛约10厘米处。由于人在视物时会有近大远小的效果，所以画家在绘画中采用了"透视"画法，在画面中，将近处的人和物体画得较大，而将远处的人和物体画得较小，这样做，可以较为逼真地反映出观察者的主观视像，从而在二维平面上画出三维立体景象。

知识链接

立体图也称为"三维立体图"或"三维立体画"，是一类能够让人从中感觉到立体效果的平面图像。观察这类图像通常需要采用特殊的方法或借助器材。

↓立体画

有趣的立体电影

　　想必不少人看过《阿凡达》吧，可是你看过3D版的《阿凡达》吗？往电影院里稳稳当当地一坐，戴上电影院给的特制的眼镜，缓缓睁开眼，咦？银幕变了，它不再是一个平面，而是呈立体状展现在你面前，此时你感觉身临其境，仿佛就在主人公的身旁，随着剧情的发展，你跟随他一起翱翔，一起战斗，一起跌宕起伏。那山，那景，似乎就在你身边，触手可及，好像你不是在看电影，而是你就在电影里面！

　　这，就是立体电影。

根据双眼的视觉

　　立体电影又叫3D电影，近几年发展迅速，广泛应用于影视的制作和推广。那立体电影是怎么形成的呢？为什么观众会有立体感呢？

　　事实上，立体电影是根据人的双眼视觉原理，采用两个焦距相同，水平轴间距也近似人眼间距的摄影镜头，在同一条胶片上，拍摄同一物体的两个影像。然后把这两个水平视点和视野稍有差异的影像同时放映在银幕上成为两个重叠在一起而又稍有偏离的立体画面信息。如果观众直接用眼睛看电影，会发现图像模糊而且有重叠，这时观众只要戴一副专用的偏光眼镜，使左眼只看到左面镜头拍摄

知识链接

　　偏光可分为三种，即直线偏光、椭圆偏光和圆偏光。一般所谓偏光指直线偏光，又称平面偏光。这种光波的振动沿一个特定方向固定不变，在空间的传播路线为正弦曲线，在垂直传播方向平面上的投影为一直线。直线偏光振动方向与传播方向组成的平面叫作振动面，与振动方向垂直并包含传播方向的面叫偏振面。使自然光通过偏光镜，可以获得直线偏光，在晶体光学研究中经常使用。

的图像，右眼只看到右面镜头拍摄的图像，这样人就像用双眼看立体的物体那样，图像就能在人们的大脑中产生出立体感。

不戴眼镜的立体电影

　　有的立体电影并不需要观众戴眼镜，这又是怎么回事呢？原来，这种立体电影与别的电影并没有什么不同，只是它的银幕很特殊。它由无数个小小的棱形或圆形的光学透镜排列成双层光栅银幕。这种银幕可以将左面镜头投射过来的图像反射给观众的左眼，将右面镜头投射过来的图像反射给观众的右眼，并能在一个固定的会聚点产生一个焦点范围，观众只要坐在这个焦点范围内，就可以使左右眼分别看到各自的图像了，然后通过双眼的会聚功能，最终合成为立体视觉影像。

　　但是，采用幕前辐射状半锥形透镜光栅的立体电影受观众厅座位区位置的严格限制，观众头部不能随便移动，否则立体效果消失，因此观众会感到相当不便，这项技术仍需要研究和改进。

扩展阅读

　　1953年5月24日立体电影首次出现，为了把观众从电视夺回来，好莱坞推出了一种新玩意儿——立体电影。戴着特殊眼镜的观众在观看《布瓦那魔鬼》及《蜡屋》这类惊险片时，发现自己就躲在逃跑的火车及魔鬼的后面，从而把我们带入了立体电影的时代。而立体电影的真正发展则是近几年RealD等三维技术的发展和《阿凡达》等一系列影片的推广后，大众才认识并认可了立体电影。

↓三维时光隧道

照相机就是这么简单

在参加一些活动或是去外面游玩时，你会照些相片留作纪念。你知道照相机是如何发明的吗？那么，就让我们去了解下吧。

照相机的原理

早在15世纪，欧洲画家为了迅速地把景物画下来，制作了针孔绘图暗箱，利用小孔成像的原理在暗箱的毛玻璃屏上映出实像，贴上半透明的纸在上边描图。到19世纪时，针孔被凸透镜代替了，这样就可以得到较为清晰的像。1839年，法国画家达盖尔经过反复研究，找到了容易感光的薄片，通过稀释和定影后，最后得到了清晰的照片。他改装的暗箱就成为世界上第一架真正的光学照相机。

现在，照相机的结构和功能等方面都有很大的发展，但照相的基本工作原理并没有大的变化，凸透镜成像的原理仍是照相的基本原理。

随着科技的进步，近些年发明了一些新的摄影新技术，如立体摄影、红外摄影、激光摄影等，还出现了没有底片、不用冲洗的用感光芯片代替胶片的数码相机，它们的感光原理与普通摄影的原理有所不同。

不过，我们家庭普遍使用的光学照相机的基本工作原理还是没有改变，只是采用了计算机自动聚焦等先进技术，使照相变得更加容易。

↓老式相机

全息照片的摄制

全息照相记录的不是传统相机记录物体的聚焦图像，而是来自被拍摄物体的光波和参考光波所形成的相互干涉的图像，或者说普通相机记录的是光的强度，而全息摄影记录的是光波的位相。

摄制全息照片的基本程序是，用一块部分反光的玻璃板将从激光器射出的光分成两束。一束光照射到底片上，另一束光则从所要拍摄的物体上散射开来。在散射光中有一部分也照射到底片上，和直接照射的光相互干涉。这样，就在底片上出现干涉图案的明暗条纹。底片经过显影，把它放到激光器的光束中就能再现干涉图案。当你观看用这种方式照的底片时，干涉图像就会产生所拍摄物体的图像。但这是一个虚像，因为它是由错觉产生的，全靠观察者的眼睛把从底片上来的光线聚集起来。这种错觉

把原来物体的视差和景深都如实地保存下来。这样全息照片看起来就有了三维立体感。

在文物部门，由于不少藏品比较珍贵，有的只有一份，丢失后就会造成无法弥补的损失。因此，人们就把这些藏品用全息照相技术摄成全息照片，再用特殊的镜头放大，就可以使人们观看到如同实物一般的原物立体影像了。

知识链接

全息摄影亦称"全息照相"，是一种利用波的干涉记录被摄物体反射（或透射）光波中信息（振幅、相位）的照相技术。全息摄影是通过一束参考光和被摄物体上反射的光叠加在感光片上产生干涉条纹而成。全息摄影不仅记录被摄物体反射光波的振幅（强度），而且还记录反射光波的相对相位。

↓全息影像是通过一束参考光和被摄物体上反射的光叠加在感光片上产生干涉条纹而成

奇妙无穷的激光技术

自1960年第一台激光器问世以来的50多年间，激光科学和激光技术的发展令人惊叹！而激光技术的发展给人类带来的福音也是数不胜数。比如说，以前体育运动会上测量距离都是用皮尺，这样既费时间又测不准确。而现代运动会都改用激光测距仪，不仅测量迅速准确，而且测距范围也大，小到几微米，大到几万千米都能迅速准确地测出来。说到这里我要问一句，为什么激光能测量得那么准呢？到底什么是激光？

什么是激光

激光最先起源于爱因斯坦的"受激辐射"理论，后来科学家们在电管中以光或电流的能量来撞击某些晶体或原子中易受激发的物质，使其原子的电子达到受激发的高能量状态，当这些电子要回复到平静的低能量状态时，原子就会射出光子，以放出多余的能量；接着，这些被放出的光子又会撞击其他原子，从而激发更多的原子产生光子，引发一连串的"连锁反应"，并且它们都朝同一个方向前进，形成强烈而且集中朝向某个方向的光。这就是激光。

激光技术的核心是激光器，它是一种能够发射激光的装置，一般分为固体激光器、气体激光器、液体激光器、化学激光器和半导体激光器等，其工作原理基本相同，近几年还发明出了自由电子激光器。随着科技的发明和研究水平的提高，激光技术应用已经成为最有发展前途的领域之一。

扩展阅读

激光最初的中文名叫作"镭射"，是它的英文名称LASER的音译，意思是"通过受激发射光扩大"。激光的英文全名已经完全表达了制造激光的主要过程。1964年，按照我国著名科学家钱学森的建议，将"光受激发射"改称"激光"。

激光技术的应用

激光因具有单色性好、方向性强、亮度高等特点而得到广泛应用。

例如以有机染料作为工作物质，人们制成了染料激光器，这是激光加工技术的应用。通过技术处理，激光可以在很短的时间内把能量高度集中在很小的范围内，产生100万摄氏度以上的高温和100万个标准大气压以上的高压进行机械精密加工或局部医疗手术，效果显著。

如激光因其亮度高、方向性好，沿直线传播比普通光线要好得多，而且本身没有重力，不会发生自身弯曲，所以对8000千米以外的人造卫星测距时，误差不会超过2厘米，测量时间不超过1秒，因此它是天然的"准直线"和"导向线"。在造船业中，用激光准直线可以确定船的中心线；在飞机制造业中，用激光作为"导向线"指示方向，可以精确对准波音737飞机38米长的机翼支架；在铁路建设中，我国用激光引导280吨的隧道掘进机，在开挖2.5千米的隧道时，误差只有16毫米。

激光的干涉被广泛用来进行质量检验和长度测量，如对磁带、光盘、玻璃、纺织品、电子线路元件的疵点、压痕、裂缝、气泡、针孔等缺陷的检验，不仅迅速准确，而且不存在漏检现象。

激光技术在信息领域引起的革命是令人吃惊的。在现代生活中，需要存储、传递、处理的信息量巨大，而且与日俱增，激光技术能大幅度提高信息处理能力。如光盘应用前景广泛，主要应用有文件存档、原文资料即期发行，专利服务、文化娱乐。此外，利用光纤通信不仅容量大、损耗小，而且保密性强。

近20年来，激光在医学上、药学上、生物工程上的应用十分广泛，形成了激光医学、激光药学、激光生物学等新的学科。此外，军事上激光武器也有了迅速发展，而激光同位素分离、激光核聚变、超快过程激光光谱学、非线性光学、激光计算机等都在向更深的领域发展。可以毫不夸张地说，激光技术推进了物理学、化学、生物学、医学、工业自动化等学科的研究和发展，加深和拓宽了人们对物质世界的认识。可以预期，新的激光器的研制和应用还将不断涌现，从而更好地造福人类。

↓城市激光

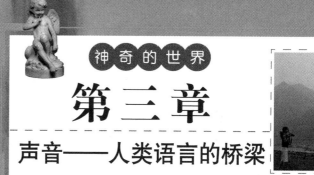

神奇的世界

第三章

声音——人类语言的桥梁

　　声音由物体振动产生，它以声波的形式传播，通过固体或液体、气体传播形成的运动。声波振动内耳的听小骨，这些振动被转化为微小的电子脑波，它就是我们觉察到的声音。本章将介绍有关声音的各种生活常识。

寻找蟋蟀

常常有这样的事情发生：当你突然听到一个声音的时候，你会习惯性地去寻找声源在哪里，但往往找不到。事实上，我们经常弄错的不是声源的距离，而是声源的方向。

从生理学上讲，人的耳朵能够很好地辨别枪声是从左边发出的还是从右边发出的，但是一旦这个枪声在我们的正前方或者正后方发出，我们的耳朵往往无法辨明。同样，你在草丛里听到蟋蟀唱歌，仔细听来，声音像是在左边，又像是在右边，好像还在后边，那声音到底在哪里呢？

用实验来解释

下面我们来做一个实验。在教室中，随便让一个同学站在中央，蒙住他的眼睛，让他安静地坐着，不要转动头。然后，你拿两枚硬币敲响起来，你所站的位置要总是在他的正前方或者正后方，然后让他说出敲响硬币的地方。

他的答案会奇怪得简直叫你不相信，声音发生在房间的这一角，他会指着完全相反的一角！为什么会发生这种情况呢？

站在他左右两侧敲硬币，那么错误就不会这么严重。这是很容易了解的，现在在他离得比较近的那只耳朵已经可以先听到这个声音，而且听到的声音也比较大，因此他能够判定声音是从哪里发出的。

声音的秘密

回过头来，同样的道理，这个实

↓人们依靠耳朵接收声音，但有时仅凭耳朵却无法辨明声源的方位

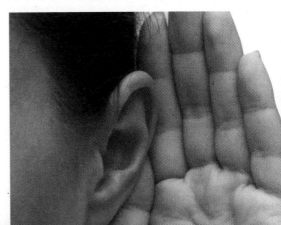

声音是由物体振动产生的，正在发声的物体叫声源。声音以声波的形式传播。声音只是声波通过固体或液体、气体传播形成的运动。声波振动内耳的听小骨，这些振动被转化为微小的电子脑波，它就是我们觉察到的声音。内耳采用的原理与麦克风捕获声波或扬声器的发音一样，它是移动的机械部分与气压波之间的关系。自然，在声波音调低、移动缓慢并足够大时，我们实际上可以"感觉"到气压波振动身体。因此我们用混合的身体部分觉察到声音。

验也说明了为什么在草丛里很难找到蟋蟀的原因。蟋蟀的响亮声音从你5米远的草丛里发出。可是你往那边看去，什么也没有找到，而这时候声音却已经变成从左边传来了。当你把头转到另外一边去听的时候，这个声音又从第三个地点传来了，所以你经常觉得四面有歌，却无所适从。后来你的头向声音的方向转得越快，蟋蟀好像也跳得越机敏。事实上，这只蟋蟀始终是在同一个地方。它压根儿没有注意到你的"跳跃"，所有的一切都是你想象的结果，是你的听觉欺骗了你。因为当你扭转头部的时候，恰好这支蟋蟀的位置在你头部的正前方或者正后方。这样，我们就能知道容易弄错声音方向的原因了：蟋蟀原来是

在你的正前方，你却错误地认为它是在相反的方向上。

所以在遇到这种情况时，假如你想知道蟋蟀的声音、杜鹃的歌声以及这一类远地方传来的声音从什么地方发出的，你千万不要把面孔正对声音，而要把面孔侧对声音，让一个耳朵正对声音，也就是我们常说的"侧耳倾听"。

声音在不同的介质中传播的速度是不同的，这是因为介质的反抗平衡力不同。反抗平衡力就是当物质的某个分子偏离其平衡位置时，其周围的分子就要把它挤回到平衡位置上，而反抗平衡力越大，声音就传播得越快。水的反抗平衡力要比空气的大，而铁的反抗平衡力又比水的大。因此，声音在空气中的传播速度比在水中的传播速度快，在水中的传播速度又比在铁中的传播速度快。

↓唱歌的蟋蟀

寻找回声

　　大家知道什么是回声吗？为什么我们在一个巷子里说话能听到自己的回声？为什么我们出游爬山对着对面的一座山大叫，那座山像跟着我们叫一样呢？下面就让我们一起去寻找我们的回声吧。

一个笑话一点知识

　　马克·吐温写过一个笑话：一位不幸的收藏家想搜集一样东西，你猜搜集什么？搜集回声！他不辞劳苦地收买了许多能够产生多次回声的土地。

　　首先，他在佐治亚州收买回声，这地方的回声可以重复4次，接着他跑到马里兰去买6次回声，以后又到缅因州去买13次回声。接下去买的是堪萨斯的9次回声，再下去是田纳西的12次回声，这一次买得非常便宜，因为峭岩有一部分崩毁了，需要加工修理。

　　他以为可以把它修理好，但是担任这个工作的建筑师却向来没有过把回声变成三倍的经验，所以把这件事情搞坏了，加工完毕以后，这地方恐怕只适宜聋哑人居住了。

　　这当然只是开玩笑，但是美妙的多次回声的确存在于地球上的各个地方，有的很早就已经引起大家的注意，变成全世界闻名的地方了。

　　我们来看看这些有名的回声的例子，在英国的伍德斯托克，回声可以清楚地重复17个音节，格伯士达附近迭连堡城的废墟能够得到27次的回声，后来一堵墙壁给毁坏，这回声才"静默"下去。捷克斯洛伐克的亚德尔士巴哈附近的一个圆形断岩，在一定的地方上可以使7个音节做3次重复的回声，但是离这个地点几步，即使步枪的射击也不会产生回声。更多次数的回声曾经在米兰附近的一座城堡听到过，从侧屋窗子放出的枪声，回声重复了40~50次；大声读一个单字，也能够重复30次之多。

◆◆ 召唤回声

回声实际上就是从某个障碍物反射回来的声波，它和光的反射是同一个道理。

在不平坦的地面上寻找回声，是需要一定技巧的。哪怕已经找到了最合宜的地方，还得知道怎样把它"召唤"出来。

首先，你不可以站在离障碍物太近的地方，我们知道声音的速度是每秒340米，那么就不难了解，当我们站在离障碍物85米的时候，你应当在发出这声音以后半秒钟听到这个回声。也就是说，我们应该让声音走过一段相当远的路再折回，否则回声回来得太快，会跟原来发出的声音汇合到一起，这样我们就听不出是回声还是原本发出的声音。

其次，虽然回声的产生是"由于一切声音在空旷的空间产生自己的反映"，但这并不指所有声音都能反映得同样清晰。野兽在森林里吼叫，号角在吹，雷声在轰鸣或者是一个女孩子在土丘后面歌唱，所得到的回声都各不相同。所发出的声音越尖锐、越断续，所得到的回声就越清晰，妇女和孩子的高音调可以得到清晰得多的回声，而男子的回声则不那么清晰。最好的方式是用拍手来引起回声。

↓ 大山的回声

声音的怪事

不知道大家有没有注意到，当我们大口咀嚼东西，比如说馒头的时候，我们会听到很大的噪音，但是在我们旁边的朋友也正在大嚼同样的馒头，我们却听不到什么显著的声音，这是怎么回事呢？这位朋友是怎样避免发出噪音的呢？让我们一起来看看。

答案在自己身上

我们知道，固体可以传导声音，而人体头部的骨骼，就跟一切坚韧的物体一样，非常容易传导声音，由于声音在实体介质，也就是固体里的传播速度往往比在空气里传播得快，有时候会加强到惊人的程度。所以嚼馒头时候的碎裂声，经过空气传到别人的耳朵里，只会听到轻微的噪音；但是那个破裂声假如经过头部骨骼传到自己的听觉神经，就要变成很大的噪音了。因此这种噪音只有自己的耳朵才能听到，你旁边的朋友是听不到的。

同样的例子，把你的钢笔用牙齿咬起来，两只手掩紧两只耳朵，咬着钢笔碰桌面，你会听到很重的打击声。再比如说你把两个耳朵堵上，用上牙齿摩擦下牙齿，你是不是会听到很大的碰撞声？

↓永乐大钟

要用耳朵聆听的音乐家来说那又意味着什么？贝多芬是伟大的音乐家，但在二十六岁时逐渐失聪，这样的打击可想而知，对一个需要用耳朵的作曲家来说，无异于绝路。然而贝多芬并未放弃，据说他经常用牙齿咬着小木棍顶着钢琴架，虽然失聪，但通过木棍振动了他的听小骨，进而听到了琴声，这个原理就跟我们咀嚼东西听到的声音一样，贝多芬就是靠这种方式演奏和创作了一系列经典音乐。

事实上，许多内部听觉还完整的聋子，也都能够依着音乐的拍子跳舞，这是因为音乐的声音会经过地板和他的骨骼传导过来的缘故。

↓钢琴

扩展阅读

安徽省合肥市新建的长途电话大楼，楼顶耸立着一座塔钟。这塔钟准时打点，钟声悦耳，响遍全市。但是住在远郊的居民听到的钟声，有时候清晰，有时候模糊，有时正点，有时"迟到"。这是塔钟的失误吗？不是，这是声音的"怪癖"——爱走气温低、密度大的道路引起的。天长日久，居民们得出一条经验：平日听不见或听不清钟声，一旦突然听得很清楚，就预兆着天要下雨了，或正在下雨呢！这是因为空气湿度大，湿空气比干空气的密度大，容易传播声音的缘故。

咬着棍子演奏

对一个普通人来说，耳朵突然聋了肯定会痛不欲生，那么对一个需

知识链接

路德维希·凡·贝多芬（1770年12月16日～1827年3月26日），男，德国作曲家、钢琴家、指挥家。维也纳古典乐派代表人物之一。他一共创作了9首编号交响曲、35首钢琴奏鸣曲、10部小提琴奏鸣曲、16首弦乐四重奏、1部歌剧、2部弥撒、1部清唱剧与3部康塔塔，另外还有大量室内乐、艺术歌曲与舞曲。这些作品对音乐发展有着深远影响，因此被尊称为"乐圣"。

声音也会跑

　　一名运动员在一分钟内跑多远我们能计算出来。一辆汽车在一个小时内能跑多远我们也能计算出来。但是，我们只知道声音在空气中大约每秒跑340米，那么谁知道这个速度是怎么计算出来的？又是谁去计算的呢？

用实验测声速

　　在19世纪，德国马德堡市市长盖利克曾做过这样一个实验，把钟放在一个玻璃罩里，在玻璃罩上钻一个小孔，接上抽气机，然后把罩里的空气慢慢抽出来，这时，钟摆的滴嗒声逐渐减弱，最后终于听不见了。这一实验证明了声音必须在一定的媒质中传播，真空是不能传播声音的。

　　第一个测定空气中声音传播速度的人是法国的默森。他使用的方法是：一个火枪手站在甲山头放枪，站在乙山头的另一个人记录下从看见火光到听到枪声时的时间间隔，再测出两山头之间的直线距离。他测得空气中的声速为420米/秒。

　　1677年6月23日，巴黎科学院用同样的方法测得的声速为356米/秒。1738年，法国有几位科学家做了声音在空气中传播速度的实验。他们测得声速为337米/秒。后来，人们又做了许多次实验，发现温度不同，声音传播的速度也不相同。在零下30℃时，声音每秒跑313米，在100℃时，声音

扩展阅读

　　声音是一种波，它可以在空气中传播，受作用的空气发生振动，当震动频率在20赫～20000赫时，作用于人的耳鼓膜而产生的感觉称为声音。声源可以是固体，也可以是流体（液体和气体）的振动。声音在空气的传播过程中同时又被地面物吸收与反射，因此声音沿着地球表面传播时，声音的强度会不断减弱，所以声音只能传播到有限远的距离。

每秒跑340米，而在常温下，声音的速度为340米/秒。也就是说，声音在空气中传播的速度随温度的变化而变化，温度每上升或下降5℃，声音的传播速度会上升或下降3米/秒。

不同介质对声速的影响

知道了声音在空气中的传播速度，那么在水里的传播速度是一样的吗？

1827年，柯莱顿和斯特姆在瑞士的日内瓦湖，第一次测得声音在水中传播的速度，他们分别乘坐两只船，相距十四公里。在甲船上，他们先往水里放下一口钟。在放炮的同时，敲响大钟。在乙船上的人，看到甲船上火光的同时开始计时，用一个特殊的听音器鉴听钟声，测出火光和声音到达乙船的时间差。

他们的实验结果是：声音在水中的传播速度为1435米/秒。后来经过多次测定，声音在水里的传播速度大约为1500米/秒。

实验表明，在不同材料中声音的传播速度不同，声音的速度与声音本身的性质无关，只与温度和材料的性质有关。声音的传播速度随物质的坚韧性的增大而增加，随物质的密度减小而减小。如：声音在冰中的传播速度比在水中的传播速度快，冰的坚韧性比水的坚韧性强，但是水的密度大于冰，这减少了声音在水与冰的传播速度的差距。利用声音的这种特性，人们可用它来测量距离。例如，测量海洋深度的声呐系统就是利用声波来进行工作的。

↓ 日内瓦喷泉

声音穿墙而过

声音真的能穿墙吗？我们又看不到声音，它怎么穿墙？这是我们的幻觉还是当中真有什么奥秘？还有，大家知道是谁发明了电话吗？起初电话的原理是怎么样的？其实电话的制造与声音密不可分，可以这样说，如果科学家们没有探索声音的奥秘，那么我们现在并没有所谓的电话。种种的疑问就让我们共同探索吧。

电话发明时的第一个声音

1876年3月10日，亚历山大·贝尔和托马斯·瓦特森在隔着好几间的房间中，准备开始他们下一次实验。当贝尔将他的仪器浸入硫酸中时，不小心将硫酸洒到了腿上，他痛得大叫："瓦特森先生，请过来帮我一下！"瓦特森先生在他房间中竟然听到了他的声音。然而贝尔的声音并非穿墙而过，而是通过电线传到了瓦特森的接收器上。人类的第一次电话交

流竟是一次呼救声。

当天晚上，贝尔抑制不住内心的兴奋给母亲写信说："今天对我来说真是太伟大了。我认为我至少已解决了一个重大问题，电话线像煤气和自来水一样在家家户户中出现的这一天就要到来了，朋友们不用离开自己的房间就能亲切地交谈了。"

↓老式电话

电话的原理和推广

贝尔于1847年3月3日出生在英国苏格兰的爱丁堡市。他从小就对人类的通讯事业很感兴趣。他的父亲和祖父都从事为聋哑人服务的工作，这对他产生了极大的影响。贝尔十四岁离开爱丁堡去伦敦，跟祖父一同生活。祖父负责他的教育工作。一年之后，年轻的贝尔又回到苏格兰。

在与其父一起工作一段时间之后，他开始在一所儿童学校教语言。他的业余时间主要在研究声学。二十三岁时，他随家迁居加拿大。后来，又来到美国。他在波士顿大学任教，并在波士顿开办了一所聋哑学校。他一直在进行他的声学实验，他想制造一台能把声音振动记录在纸上的仪器，使聋哑人看见正常人能听见的声音。

但他没能造出这种仪器，却在实验中发现，在断开或接通铜线圈的电流时，线圈会发出声响。他发现线圈可传送音乐的声音，却不能传播人的声音。因此他觉得要使它能传播人的声音，必然使它变成能以人声频率振动的连续电流。但由于电学并不是他的强项，于是他来到华盛顿，找到当时最著名的物理学家约瑟夫·亨利。

贝尔解释完他的发现，对亨利说："先生，您觉得我应该怎么办，是把我的发现让其他人去干，还是我自己攻克这一问题呢？"亨利回答说："贝尔，你已有了伟大发现的构想，干下去吧！"于是贝尔返回波士顿，请来电技师瓦特森做助手。

自1875年春天到秋天，他俩没日没夜地干，终于在1876年3月10日，他们的实验成功了。1878年，在相距200英里的波士顿和纽约之间做了首次长途通话。事后，波士顿一家报纸评论说："这次发明的应用将彻底改变远距离商业通讯。"不久，这家报纸的话应验了。三个月后，他们正式成立了贝尔电话公司。到1880年，美国已有48000台电话。而到1910年已达7000000台，到1920年，其数量增长了两倍多。1922年8月2日所有的电话哑然无声，因为这一天在举行伟大的发明家贝尔的葬礼。

知识链接

"电话"是日本人创造的汉语词，用来意译英文的telephone（phone）。当初中国人对这个英文词采取了音译，译作"德律风"。在一段时期内，"电话"和"德律风"两种叫法通用。但后来，"德律风"这种叫法终于消失。由于本世纪初年，一群在日本的绍兴籍留学生曾联名给家乡写回一封长信，其中详细介绍了日本的近代化情形，鲁迅也列名其中。信中说到"电话"时，特意注释道："以电器传达话语，中国人译为'德律风'，不如'电话'之切。"

声音代替量尺

世界万物都有一个尺寸，声音也是如此．我们知道声音在空气里的传播速度大约为每秒340米，那声音是怎么来代替量尺的呢？就让我们一起去看看吧。

用声音测距

有这样的一个故事，一个旅行家和他的侄儿在地下旅行的时候走散了，但是他们能够听到对方的声音。这时候，两人之间曾经有过这么一段对话：

"叔叔！"侄子喊道。

"什么事，我的孩子？"一会儿之后，侄子听到了叔叔的回答。

"我想知道，我们两个人离开得有多远？"

"这个容易！你的表还在走吗？"

"恩，在走。"

"请你把它拿在手里。喊一声我的名字，并且就在喊的时候，记着表上的秒数。我一听到你的喊声，就立刻重复一声我的名字，你就把听到我声音的时刻记下。"

"好的。"

"那时候从你发出声音到你听到我的声音这个时间的一半，就表示声音从你那里走到我这里所需要的时间了。你准备好了吗？"

"准备好了，叔叔，我开始喊你名字了！"

叔叔把耳朵贴着墙壁。这个声音传到叔叔的耳朵里，叔叔立刻重复了这个喊了一声。

"40秒！"侄子说。

"很好，我来计算一下，声音从你那里到我这里一共走了20秒。声音每秒钟大约走三分之一公里，20秒钟大约走7公里。"

好了，假如在上面这一段里所讲的内容你能够完

↓量尺

知识链接

我们日常见到蝙蝠的嘴巴就是一个超声波发生器，它每隔一段时间就发出一次超声波。它发出的超声波碰到障碍物就反射回来。蝙蝠的耳朵是个灵敏的超声波接收器，它利用反射回来的超声波判断前面有没有障碍。此外，蝙蝠还可以利用超声波辨别猎物是不是可食用，说明它体内可能存在着一种"声音感觉系统"，可以利用超声波"看"东西。

波在空气中的传播速度为已知，测量声波在发射后遇到障碍物反射回来的时间，根据发射和接收的时间差计算出发射点到障碍物的实际距离。由此可见，超声波测距原理与雷达原理是一样的。

超声波测距主要应用于倒车提醒、建筑工地、工业现场等的距离测量，虽然目前的测距量程上能达到百米，但测量的精度往往只能达到厘米数量级。随着技术的改进，超声波测距的精度也在不断提高。

全明白，那么你自己就会很容易地去解答同一类的问题了。比如说我们在望到离得很远的火车头放出汽笛的白烟以后，过了一秒半钟，才听到了汽笛声。问火车离我这儿有多远？请大家按照上面的故事来猜测下吧。

超声波测距

声波的频率在20000赫兹以上，人耳朵听不到的弹性波叫作超声波。由于超声波指向性强，能量消耗缓慢，在介质中传播的距离较远，检测往往比较迅速、方便，计算简单，易于做到实时控制，并且在测量精度方面能达到工业实用的要求，因而人们已经设计和制成了许多超声波发生器用于距离的测量。

超声波测距的原理是，利用超声

扩展阅读

1923年，荷兰的一个军火库发生了大爆炸，据调查，在100千米的范围内，人们都能清楚地听到了爆炸声，在100千米到160千米的地区内，人们却什么都没有听到，令人奇怪的是，在1300千米地方的人们却又清楚地听到了爆炸声。这真是件有趣而又奇怪的事！声音怎么会拐弯绕过中间地带呢？

原来声音有个"怪脾气"：它在温度均匀的空气里是笔直地走的，一旦碰到空气的温度有高有低时，它就尽量挑温度低的地方走，于是声音就拐弯了。如果某个地区接近地面的温度变化得厉害，这儿高那儿低，那么声音拐到高空后又会往下，这样就会造成一些奇怪的现象。

声波制冷冰箱

你们家有声波制冷冰箱吗？你知道冰箱是用什么制冷的吗？它对我们有什么危害呢？声波冰箱又有什么好处呢？为了维护我们共同的家园，大家赶快来看看吧。

电冰箱用"氟"的危害

自20世纪初第一台电冰箱问世以来，它已给人类带来许多便利和享受。然而，随着冰箱的日益普遍使用，它也给人类的家园带来了麻烦。

我们现在使用的电冰箱都是用氟利昂作为制冷剂。氟利昂对臭氧具有极强的破坏能力。在我们地球的大气层中有一个臭氧层，它能够吸收太阳光里的短波紫外线，就像一件防弹外衣披在地球的身上，保护着人类免受强烈的紫外线的侵害。而由于电冰箱进入了千家万户，大量的氟利昂挥发到空中，对臭氧层造成了严重的破坏。

据观测，地球上的臭氧层中已出现了空洞，悄悄袭来的灾难为世人敲响了警钟。联合国在20世纪80年代规定2000年为生产氟利昂的最后年限。1992年6月14日在巴西召开的环境保护与发展大会，科学家们更是大声疾呼

知识链接

氟利昂又叫氟氯烃或冷媒，是几种氟氯代甲烷和氟氯代乙烷的总称。氟利昂在常温下都是无色气体或易挥发液体，略有香味，低毒，化学性质稳定。我们大家都知道氟利昂对臭氧层有破坏，其实真正对臭氧层有破坏的，不是氟，而是氟利昂中的氯原子，由于氯原子跟臭氧发生化合反应，使臭氧层消失，这样对人体有害的射线就可以畅通无阻地进入大气层，这是对环境最严重的危害。现在有很多新冷媒作为氟利昂的替代品，不含氯原子。我们一般称无氟空调，其实称无氯空调更准确。

保护我们的家园。这一规定令世界各国制冷专家不得不大动脑筋，尽快开发出不用氟利昂制冷的新技术，抢占21世纪的冰箱市场。

声波制冷冰箱的问世

加利福尼亚州的研究人员率先开发了一种利用声波制冷的新技术。该技术采用氦与氩的混合气体取代传统的氟利昂制冷剂。

声波制冷技术并不深奥，只是在一个充满加压氦气与氩气的密封小室上安装了一只普通音响小喇叭。当电压加到喇叭上时，其膜片开始振动。

若振动膜片向外推动，则附近氦气和氩气会因压缩而升温；若膜片向内回移，则气体会因膨胀而降温。在小室上方装有一个热交换器，它会不断将压缩升温所产生的热量带走，这样，周而复始，室内气体就会逐渐冷却下来，于是，就能达到制冷的目的。

这种制冷技术能得到很低的温度，有的甚至能达到零下一百度。由于这种声波制冷冰箱的运动机件少，转换效率高，工作稳定可靠，因此，特别适用于航天器件。有关专家预言，21世纪将是声波制冷冰箱大显身手的世纪。

↓制冷冰箱

声音对大脑的影响

　　现在世界上流行一种叫作"胎教"的教育方法。也就是从母亲怀孕、小宝宝还在妈妈腹中发育时，就开始用听音乐、讲故事等手段对小宝宝的脑子进行刺激，据说这样可使小宝宝的脑子发育得更充分、更聪明。孩子出生后，更要进行早期声音教育，妈妈要用带响声的玩具吸引孩子的注意力，给孩子讲故事、唱儿歌、说悄悄话，这样教育下的孩子比一般孩子说话早、个头高，也更聪明。

　　这样做有科学道理吗？

声音的分贝

　　声音的强度级是以分贝为单位的。人耳朵能听到的最微弱的声音大约是1分贝。稳定的呼吸声和微风吹动树叶的声音大约是10分贝；潺潺的溪流声大约是20分贝；轻轻的交谈声是20分贝至30分贝；柔和的轻音乐大约是40分贝；收音机和电视播放的中级音量是50分贝至60分贝；载重汽车的响声是90分贝至100分贝；摩托车的吼叫声大约是105分贝；雷声是110分贝；喷气发动机的声音大约是150分贝；火箭的声音是140至170分贝。

　　一般情况下，我们大脑在思考时，环境的声音强度不宜超过20分贝，否则，就会分散注意力，影响精力的集中。60分贝是使人烦恼的界限，声音强度超过60分贝，会对脑功能开始产生不良影响。

扩展阅读

　　分贝（decibel），缩写为dB，是以美国发明家亚历山大·格雷厄姆·贝尔命名的，他因发明电话而闻名于世。因为贝尔的单位太粗略而不能充分描述我们对声音的感觉，因此前面加了"分"字，代表十分之一。一贝尔等于十分贝。在声学领域中，分贝的定义是声源功率与基准声功率比值的对数乘以10的数值，用于形容声音的响度。

用轻音乐健脑

从生理学的观点来说，凡是使人烦躁，妨碍生活和工作的声音都称为噪声。过强的噪声能伤害人的神经系统，使大脑皮层的兴奋和抑制的平衡遭到破坏，从而使人头脑发胀，注意力分散，记忆力减弱，思考力减退，情感失常，抑郁，易怒，烦躁不安，严重时还会使人头痛失眠，甚至听觉失常，精神错乱。如果长时期受到115分贝以上的噪声刺激，会引起大脑皮层功能的严重阻碍，使脑的听觉细胞受到永久性破坏，使各种器官的功能失常，并使人过早衰老。噪声达到165分贝以上，会使一些动物死亡；超过175分贝，就会使人丧命。

因此，为了保护大脑，增强脑功能，应当多听舒缓、柔和的轻音乐。轻音乐能使人心情愉悦、放松，提高大脑的兴奋水平，启迪灵感，提高用脑效率。有的医生还使用音乐疗法治疗心情抑郁的病人，据说效果最佳的是贝多芬的《第八交响曲》。在欣赏音乐时，除了少选择刺耳的摇滚乐等曲目外，也不要将音响开得过大，如果用耳机，也不要听太长时间。

所以，从上面我们看出，对孩子进行胎教完全符合人体的生理发育规律，声音刺激能够促进大脑皮层的发育，从而提高幼儿的智力水平。当然，要注意的是应该选用轻音乐，不宜使用摇滚、重金属等曲目，更不能将声源直接放置在母亲身边，以防胎儿耳聋。

知识链接

贝多芬的《第八交响曲》又叫《F大调第八交响曲》，是作曲家的93号作品，完成于1812年10月。在这部交响曲中，贝多芬采用了明快的F大调，风格是清丽、自然、快乐的。该曲于1814年2月17日在维也纳的舞会剧院首次演出，获得极大的成功。

↓噪声监测器

剧院大厅里的声音

时常到各种剧院和音乐厅去的人，一定都清楚地知道，有些大厅里，演员的歌喉和音乐的伴奏可以在很远的地方听得清楚明了，但是在有一些大厅里，虽然坐在前排，也听得不太清楚。这到底怎么回事呢?

◆◆ 消除交混回响

在建筑物里发出的声音，都会在声源发声完毕以后继续传播一段时间，并在多次反射作用下，绕着整个建筑物传播好几次。但是与此同时，别的声音又接着发了出来，使听的人不可能把各个声音一一辨别清楚。例如假定一个声音要继续存在3秒钟，又假定讲话的人每秒发出3个音节，那么相当于9个音节的声波就会一起在房间里行进传播，因此产生了一团糟的噪音，使得听众没法听懂讲话人要讲的意思。

在这种情形下，讲话的人只需一个字一个字非常清楚地讲下去，而

且不要用太大的声音。但是一般的情形恰恰相反，讲话的人在这种情形下往往会提高声音，这样就只会增强噪音。

以前，能够建出符合声学要求的剧院是件侥幸的事情。但现在，人们已经找到了消灭这种扰乱声音现象的方法，这种方法主要是建造能够吸收剩余声音的墙壁。当然了，坐在剧院里的观众也能吸收声音，虽然观众吸收声音的能力要比墙壁少得多，正如

扩展阅读

关于回声的应用，声呐装置可谓典型。

有些船上装有回声测深器，这种仪器会把声波送到海里。而回声传回船上所花的时间，可以用来算出船下任何物体的形状和位置。它也可以用来画出海床的深度和轮廓。这种技术称为声呐，意思是声音的航行和测距。用回声测海深、测冰山的距离和地方潜艇的方位等，都是由不同功能的声呐装置完成的。

一位物理学家说过：“观众吸收讲演人的演词，所谓‘吸收’可以照这个词的表面意义讲。”如果他这句话说得不错，那么，空荡荡的大厅对讲演的人是不利的。

反过来说，假如墙壁对声音的吸收太强了，也会使声音听不清楚。第一，过度的吸收会把声音减弱；第二，过度吸收会大大减小交混回响的作用，使得声音听起来仿佛断断续续，给人一种压抑的感觉。因此，我们一方面应该避免过度的交混回响，另一方面也要允许适度的交混回响存在。究竟怎样的程度才合适，人们应该在设计每座大厅的时候来决定。

❖❖ 有趣的台词厢

剧院里还有一个东西，从物理观点上看是很有趣的，这东西就是在台前提词用的台词厢。你可曾注意所有剧院的台词厢都是同一形状的吗？原因是，台词厢的本身等于一种声学仪器。台词厢的拱壁等于一个声音的凹面镜，它起着两种作用，阻止提词的人发出的声波向观众方面传播，还要把这些声波反射到舞台上。有兴趣的朋友下次到剧院去时可以研究下。

↓ 大剧场

昆虫为何会嗡嗡叫

想必大家已经注意到，很多昆虫在飞行的时候常常发出嗡嗡的声音，比如说蚊子，听到它那得意的嗡嗡声，你就会条件反射地去拍它，会发出类似嗡嗡声的还有苍蝇、蜜蜂等。为什么这些昆虫在飞的时候会发出嗡嗡声呢？是像人类一样在用鼻子哼哼，还是张开小嘴巴唱着昆虫界的流行歌曲呢？

会发声的羽翼

事实上，大多数昆虫并没有发出嗡嗡声音的特殊器官，这个嗡嗡声只是在昆虫飞行的时候才听得到。究其原因就是在飞行的时候，昆虫的小翅膀每秒钟能振动几百次。由于昆虫的小翅膀像膜片一样又轻又薄，振动翅膀事实上就是振动膜片。我们知道，所有振动得足够频繁的膜片每秒钟可以振动超过16次的，都会发出一定高低的音调来，实际上这就是昆虫发声的源泉。

那么现在问一下，人们是用什么方法知道各种昆虫飞行时翅膀振动次数的呢？

很简单，只要从听觉上判定昆虫发出嗡嗡声的音调高低就行了。因为每一种音调都是跟一定的振动频率相关的。昆虫要调节它们的飞行，只要改变翅膀振动的大小，就是"振幅"和翅膀的倾斜度；只在受到天冷影响的时候，昆虫才会增加每秒钟振动翅膀的次数。因此，昆虫在飞行时发出的音调总是不变的，从而使人们确定

↓苍蝇飞行时，会发出"嗡嗡"的声音

了各种昆虫的翅膀振动次数是几乎不变的。

仅仅一秒钟

你知道这些吗？仅仅一秒钟，苍蝇振动翅膀可达352次，发出F调音。山蜂每秒钟振动翅膀可达220次。蜜蜂在空着身子飞的时候发出A调音，每秒钟振动翅膀可达440次；如果带着蜜飞行，只能振动330次，是B调音。甲虫飞行时发出的音调比较低，两翅振动得比较慢。相反的，蚊子每秒钟要振动翅膀500～600次。为了使大家进一步了解上面这些数字，让我悄悄告诉你一个数字，那就是飞机的螺旋桨平均每秒钟只转25转！

↓ 直升机的螺旋桨

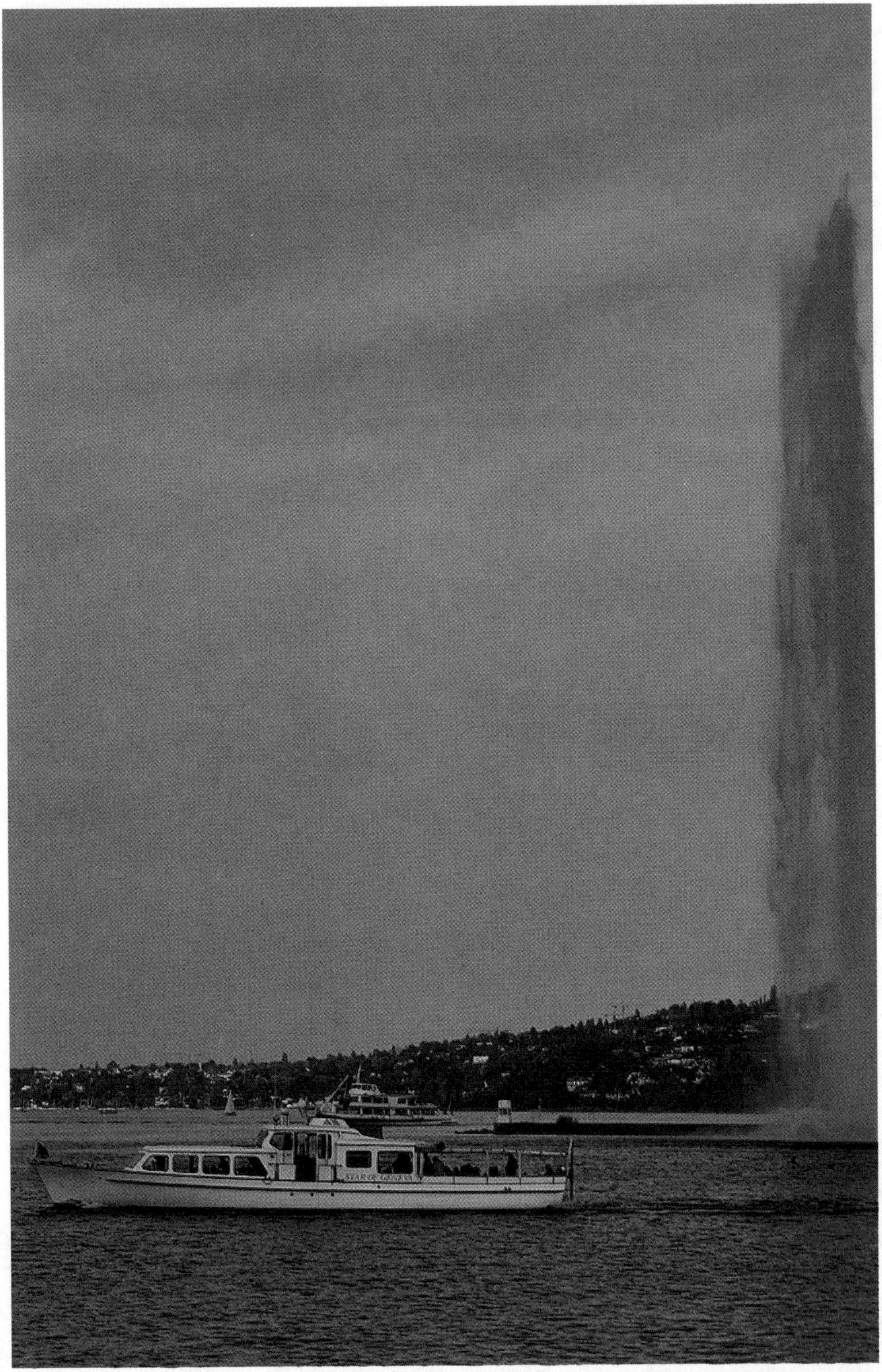
STAR OF GENEVA

神奇的世界

第四章

力——无时无刻不存在的影子

力学是物理的核心部分，它是研究物体间的力的相互作用规律。力的应用极其广泛，大到宇宙运动，小到蚂蚁搬家，生活处处存在力。理解力学，让你乐在其中。本章将通过生活中有关力的这些奇妙现象，从本质上进行挖掘和探讨，以达到认识和利用力的目的。

站起来很费劲

假如我对你说："请你坐到椅子上，用绳子把你绑在椅子上面，你就站不起来了。"你一定会认为我是在和你开玩笑。其实，这是真的。那么就让我们一起去看看这到底是怎么回事吧。

人体平衡与力的关系

要明白这是怎么一回事，我们得先来谈些关于物体以及人体平衡的问题。一个站立着的物体，只有当那条从它重心引垂下来的竖直线没有越出它的底面的时候，才不会倒下，也就是说，才能够保持平衡。因此，如果一个斜圆柱体要倒下去，假如它的底面很宽，从它的重心引垂下来的竖直线能够在它的底面中间通过的话，那么这个圆柱体就不会倒下了。在比萨和波伦亚的所谓"斜塔"以及在阿尔汉格尔斯克的所谓"危楼"，虽然都已经相当倾斜，却并没有倒下来，这

就是因为从它们重心引下的竖直线并没有越出它的底面的缘故，当然还有次要的原因，那就是这些建筑物的基石都是深埋在地面以下的。

人在站立着的时候，也只有在从他的重心引下的竖直线保持在两脚外缘所形成的那个小面积以内的时候才不会跌倒。因此，用一只脚站立是比较困难的；而在钢索上站立就更加困难，这是因为底面太小，从重心引下的竖直线很容易越出它的底面的缘故。你可曾注意到老水手们走路时候

扩展阅读

意大利比萨斜塔修建于1173年，由著名建筑师那诺·皮萨诺主持修建。它位于罗马式大教堂后面右侧，是比萨城的标志。开始时，塔高设计为100米左右，但动工五六年后，塔身从三层开始倾斜，直到完工还在持续倾斜，在其关闭之前，塔顶已南倾（即塔顶偏离垂直线）3.5米。因其独特的姿态，比萨斜塔成为意大利著名的人文景观。

知识链接

重心，是在重力场中，物体处于任何方位时所有各组成质点的重力的合力都通过的那一点。规则而密度均匀物体的重心就是它的几何中心。不规则物体的重心，可以用悬挂法来确定。物体的重心，不一定在物体上。

的古怪姿势吗？他们一生都在摇摆不定的舰船上度过，那儿从重心引下的竖直线每秒钟都有可能越出两脚之间的面积的范围。为了不至于跌倒，老水手都习惯把他们身体的底面就是两脚之间的面积尽可能放大。这样他们才可能在摇摆的甲板上立稳。自然，他们这种走路的方法也沿用到了陆地上。

平衡增进美观

你可曾注意到，一个在头上顶着重物走路的人，他的姿势是多么匀称！大家也都见过头上顶着水壶的女人的优美姿态。她们头上顶着重物，因此一定要使头部和上身保持笔直的状态，否则，只要有一点偏斜，从重心引下的竖直线就会有越出底面范围的危险，那么人体的平衡就会遭到破坏，反过来说，那就是平衡增进了人体姿势的美观。

我们继续开头的那个问题。一个坐定的人，他的身体的重心位置是在身体内部靠近脊椎骨的地方，比肚脐高出大约20厘米。试从这点向下引一条竖直线，这条竖直线一定通过座椅，落在两脚的后面。但是，一个人要能够站起身来，而这条竖直线却一定要通过两脚之间的那块面积。因此，要想站起身来，我们一定要把胸部向前倾或者把两脚向后移。把胸部向前倾，是要把重心向前移；把两脚向后移，却是使原来从重心引下的竖直线能够位置在两脚之间的面积之内。我们平常从椅子上站起身来的时候，就是这样做的。假如不允许我们这样做的话，那么，你已经从刚才的实际经验里体会到，想从椅子上站起身来是不可能的。

↓头顶重物的女人

探讨如何跳车

怎么从运动的车上向下跳呢？有人会答："根据惯性定律，是应该向前跳的。"但是，你可以再次向你身边的人问，惯性对于这个问题究竟起着什么作用？他自己很快也会迷惑起来，他的结论竟是，由于惯性的存在，下车时候竟是要向车行驶相反的方向跳下去。

当然，交通法严禁从运行的汽车上跳下，这里只是理论推想，请小读者们不要尝试。

惯性定律在搞鬼

事实上，惯性定律在这个问题上只起着次要作用，主要原因却是在另外一点上。假如我们把主要原因忘了，那么我们就真会得到这样的结论，应该是向后跳，而不是向前跳了。

假设你一定要在半路上从车子里跳下来，这时候会发生哪些情况呢？

当我们从一辆行驶着的车子上跳下的时候，我们的身体离开了车身，仍旧保持车辆的行驶速度。这样看

来，当我们向前跳下的时候，我们不仅没有消除这个速度，而且还会提高这个速度。

知识链接

惯性原理是伽利略在1632年出版的《关于托勒密和哥白尼两大世界体系的对话》书中发表的，它是作为捍卫日心说的基本论点而提出来的。

笛卡尔等人又在伽利略研究的基础上进行了更深入的研究，他认为：如果运动物体不受任何力的作用，不仅速度大小不变，而且运动方向也不会变，将沿原来的方向匀速运动下去。

而被现代社会所普遍认知的惯性原理，来自于牛顿的《自然哲学的数学原理》。惯性定律就是牛顿第一定律，其内容是：一切物体都将一直处于静止或者匀速直线运动状态，直到出现施加其上的力改变它的运动状态为止。牛顿的惯性原理是经典物理学的基础之一，并且对惯性原理的理解也随着现代物理学的发展而出现了改变。而牛顿却谦虚地说："我只是站在巨人的肩膀上！"

单从这一点看，我们从车子上跳下的时候，是完全应该向车行驶相反的方向跳下，而绝对不是向车行驶的方向跳下。因为，如果向后跳下，跳下的速度跟我们身体由于惯性作用继续前进的速度方向相反，把惯性速度抵消一部分，我们的身体才可以在比较小的力量作用下跟地面接触。

跳车方案是个思想实验

事实上，任何人只要从车上跳下的时候，一定要面向前方的，就是向行车的方向跳下的。这样做也确实是最好的方法，是由不知道多少次的经验证明了的，也使我们坚决劝告读者，在下车的时候不要做向后跳跃的尝试。

用最简单的语言应该这样说，在跳下车子的时候，无论我们面向车前，还是面向车后，一定会感到一种跌倒的威胁，这是因为两只脚落地之后已经停止了前进，而身体却仍旧继续前进的缘故。当你向前方跳下的时候，身体继续前进的速度，固然要比向后跳下的更大，但是，向前跳下还是要比向后跳下安全得多。因为向前跳下的时候，我们会依习惯的动作把一只脚提放到前方，这样就会防止向前的跌倒。这个动作我们是非常习惯的，因为我们平时在步行的时候都在不断地这样做着。

所以，在下车的时候向前跳跃比较安全，它的原因与其说是受到惯性的

作用，不如说是受到我们自己本身的作用。自然，对于不是活的物体，这个规则是不适用的。比如一只瓶子，如果从车上向前抛出去，落地的时候一定要比向后抛出去更容易跌碎。

因此，假如你有必要在半路上从车上跳下，而且还要先把你的行李也丢下去，那么应该先把你的行李向后面丢出去，然后自己向前方跳下。但最好不要在半路上跳车，向前易被车轧到，向后易站不稳跌跤，总之都是违章，不可取。

过去电车上的售票员和查票员，他们时常这样跳，面向着车行的方向向后跳下。这样做可以得到两重便利：一来减少了由于惯性给我们身体的速度，另外又避免了仰跌的危险，因为跳车的人的身体是向着车行的方向的。

扩展阅读

我国远在战国的《墨经》上就已有惯性的论述。在战国末期的《考工记·辀人》中更有明确的记载："劝登马力，马力既竭，辀犹能一取焉。"意思是说：马拉车的时候，马虽然对车不再施力了，但车还能继续前进一段路，这显然是在讲述一种惯性现象。

↓行驶的汽车

抓住一颗子弹

你对第一次世界大战了解多少？你知道世界大战中发生过什么有趣的故事吗？如果我告诉你有人能够抓住飞行的子弹而安然无恙，你信吗？现在就让我给你讲述这个有趣的故事吧。

一个小故事的发生

根据报载，在第一次世界大战的时候，一个法国飞行员碰到了一件极不寻常的事件。这个飞行员在2000米高空飞行的时候，发现脸旁有一个什么小玩意儿在游动着。飞行员以为这是一只什么小昆虫，敏捷地把它一把抓了过来。现在请你想一想这位飞行员惊诧的表情吧。他发现他抓到的是一颗德国子弹！

你知道敏豪生伯爵的故事吗？据说他曾经用两只手捏住了在飞的炮弹，法国飞行员的这个遭遇跟这个故事简直太相像了。

物理学秘史

知识链接

《敏豪生奇遇记》有的译成《孟豪生奇游记》《吹牛大王历险记》。原为德国民间故事，后来由德国埃·拉斯伯和戈·毕尔格两位作家再创作而成。这是介于童话和幻想故事之间的作品。它讲了许多离奇古怪、异想天开的冒险故事。例如，敏豪生男爵的马怎样挂到房顶上，他怎样用猪油、小铁条、缝鞋的大长针打猎，怎样骑炮弹飞行，怎样到月亮上去旅行，怎样被大鱼吞进肚子里又逃出来，怎样遇到干奶酪岛上三条腿的人，怎样和大熊决斗了三天三夜……这些离奇古怪的故事，反映了当时德国贵族阶层爱吹牛、编瞎话的习气。敏豪生也成了喜好吹牛撒谎、爱把事情无限夸张因而毫不可信的代名词。这部作品丰富的想象力值得人们学习。

是阻力还是飞得太快？

现在我们从物理的角度来看看这位法国飞行员的遭遇，事实上这只是一个关于速度的问题。

我们都知道子弹的威力，一颗子弹的初速度大约每秒800～900米，但子弹并不是一直按照这个速度飞行的。由于空气的阻力，子弹的这个速度会逐渐降低，最后在它的路程终点只有每秒40米。而这样的速度是普通飞机也可以达到的。因此，很可能碰到这种情形：飞机跟子弹的方向和速度相同。那么，这颗子弹对于飞行员来说，它就相当于静止不动的，或者只是略微有些移动。那么，把它抓住自然没有丝毫困难了，特别是当飞行员戴着手套的时候，因为穿过空气的子弹跟空气摩擦的结果会产生近100°的高温。

如此看来，法国飞行员能够抓住子弹也就不足为奇了。

扩展阅读

一般子弹由弹丸、药筒、发射药、火帽四部分组成。弹丸依靠快速飞行侵入目标，药筒连接弹丸和保护发射药及密闭火药气体，而发射药是通过燃烧赋予弹丸较大的初速度，火帽用来击发。但这只是指普通子弹，其他特种弹、检测用枪弹及辅助用枪弹又有不同，成分量也会因子弹的不同而不同。

↓子弹丸

奔走中的科学

你知道我们每天都是怎么走和跑的吗？走和跑如何形成，有何区别？你有没有去想过呢？要是现在还没有的话，就和我一起去探索吧。

我们都是这样走路的

你对于自己每天都要做千万次的动作，应该非常熟悉了。一般人都在这样想，但是这种想法并不一定正确。最好的例子就是步行和奔跑。真的，我们还有什么比对这两种动作更熟悉的呢？但是，想要找到一些人能够正确地解答我们在步行和奔跑的时候究竟怎样在移动我们的身体，以及步行和奔跑究竟有些什么不同，恐怕也并不太容易。现在，我们先来听一听生理学家对于步行和奔跑的解释。我相信，这段材料对于大多数的读者来说，一定是很新鲜的。

假定一个人正在用一只脚站立

着，而且假定他用的是右脚。现在，假定他提起了脚跟，同时把身体向前倾。这时候，从他的重心引下的竖直线自然要越出脚的底面的范围，人也自然要向前跌倒；但是这个跌倒还没有来得及开始，原来停在空中的左脚很快移到了前面，并且落到了从重心引下的竖直线前面的地面上，使从重心引下的竖直线落到两脚之间的面积中间。这样一来，原来已经失去的平衡恢复了，这个人也就前进了一步。

↓上台阶

但是假如他想继续行进，那么他就得把身体更向前倾斜，把从重心引下的竖直线移到支点面积以外，并且在有跌倒倾向的同时，重新把一只脚向前伸出，只是这一次要伸的不是左脚，而是右脚，于是又走了一步，就这样一步一步走下去。因此，步行实际上是一连串的向前倾跌，只不过能够及时把原来留在后面的脚放到前面去支持罢了。

归根结底的答案

让我们把问题看得更深入一些。假定第一步已经走出了，这时候右脚还跟地面接触着，而左脚却已经踏到了地面。但是只要所走的一步并不太短，右脚脚跟应该已经抬起，因为正是由于这个脚跟的提起，才使人体向前倾跌而破坏了平衡。左脚首先是用脚跟踏到地面的，当左脚的全个脚底已经踏到地面的时候，右脚也完全提

到空中了，在这同时，原来略微弯曲的左脚膝部，由于小腿三头肌的收缩就伸直了，并且在一瞬间成竖直状态。这使得半弯曲的右脚可以离开地面向前移动，并且跟着身体的移动把右脚跟恰好在走第二步的时候放下。接着，那左脚先是只有脚趾踏着地面，立刻就全部抬起到空中，照样地复演方才那一连串的动作。

奔跑和步行的不同，在于原是站立在地上的脚，由于肌肉的突然收缩，会强力地弹起来，把身体抛向前方，使身体在这一瞬间完全离开地面。接着，身体又落到地上，但是已经由另外一只脚来支持了，这只脚当身体还在空中的时候已经很快地移到了前方。因此，奔跑是一连串的从一只脚到另一只脚的飞跃。

至于在平地上步行时候所消耗的能，步行人的重心每走一步都要提起几厘米。可以计算得出，在平地上步行时候所做的功，大约等于把步行人的身体提高到跟所走距离相等的高度时候所做的功的十五分之一，即你走150米相当于爬了10米高的楼。

↓跑步

舒舒服服躺着

你坐在粗板凳上，会觉得坚硬，不舒适，但是，如果坐在同样是木质的有光滑曲面的椅子上，却觉得很舒适，这是什么缘故呢？还有，为什么睡在很硬的棕索编成的吊床上会觉得柔软舒适？为什么睡在钢丝床上也不会觉得坚硬呢？

小问题大知识

这道理不难明白，粗板凳的凳面是平的，我们的身体只有很小一部分面积能够跟它接触，我们的体重只好集中在这比较小的面积上。光滑的椅子的椅面却是凹入的，能够跟人体上比较大的面积接触，人的体重就分配在比较大的面积上，因此，单位面积上所受到的压力也就比较小。

所以，这儿的全部问题只在于压力的分配是否均匀上。如果我们躺在柔软的床褥上，褥子就变成跟你身体的凹凸轮廓相适应的样子，压力在你身体的底面上分布得相当均匀，因此身体上的每一平方厘米面积上，一共只分配到几克的压力。在这种条件下，你当然能够躺得非常舒适了。这也是为什么用两只脚走路要比一只脚走路轻松得多的一个主要原因。

压力与面积关系

为了更形象说明压力与面积关系，我们可以用数字来表示。一个成年人身体的表面积大约是2平方米或20000平方厘米。假定我们躺在床上的时候，靠在床上的面积大约有身体表面积的四分之一，就是0.5平方米或

坐着的母女→

扩展阅读

压力分精神与物理两个领域的定义。物理定义具有客观属性，是指垂直作用于流体或固体界面单位面积上的力，其国际单位为“牛顿”，简称“牛”，符号“N”；而从心理学角度看，压力是心理压力源和心理压力反应共同构成的一种认知和行为体验过程。

5000平方厘米。又假定你的体重大约是60千克，就是60000克。那么，每1平方厘米的支撑面积上只要承受12克的压力。但是，如果你是躺在硬板上，那么你的身体只有很少的几个点跟硬板相接触，而这几个接触点的总面积一共也不过100平方厘米左右，因此每个平方厘米所承受的压力就是五六百克，而不是十几克了。这差别是很大的，因此，我们的身体立刻就会有“太硬”的感觉。也就是说，在压力一定的情况下，面积越大，单位面积受到的压力越小，反之亦然。

但是，即使在最硬的地方，我们也可以睡得非常舒适，前提是只要我们把自己的体重均匀分配在很大的面积上就行。比方说你先睡到一片软泥上，把你身体的形状印在这泥上，然后起来让这片泥土干燥。当这片泥土变成和石块一样坚硬的时候，你试着再躺到上面去，使你的姿势和泥土上留下的形状吻合，那么你就会感到跟睡在柔软的鸭绒垫上一样舒适，一点也不觉得硬，即使你是睡在石头上。

↓舒舒服服地躺着

西瓜就是炮弹

　　如果说一颗子弹在一定条件下可以变得对人没有伤害，那么，相反的情形也同样可能存在，一个"和平"的物体用不快的速度投掷出去，却可以起到破坏的作用。

◆ 一个事件的启发　→

　　1924年举行过一次汽车竞赛。沿途的农民看到汽车从身旁飞驰过去，为了表示祝贺，纷纷向车上乘客投掷了西瓜、香瓜、苹果。这些好意的礼物竟起了很不愉快的作用，西瓜和香瓜把车身砸凹、弄坏了，苹果呢，落到乘客身上，造成了严重的外伤。原因是什么呢？

　　很简单，由于汽车本身的速度很快，再加上投出西瓜和苹果的速度，就把这些瓜果变成了危险的、有破坏能力的炮弹。我们不难算出，一颗10克重的枪弹发射出去以后所具有的

能，跟一个4千克重的西瓜投向每小时行驶120公里的汽车所产生的能不相上下。

　　自然，西瓜的破坏作用是不能跟子弹相比的，因为西瓜并没有像子弹那样坚硬。

　　如果要使物体有像子弹那样大的破坏力，那就等到飞机在高空大气层以每小时3000公里的速度，也就是有了跟子弹一样的速度飞行的时候吧，到时每一个落在这架高速飞机前面的物体，对于这架飞机来说都会变成有破坏力的炮弹，也就是说每一个飞行员都会有机会碰到方才所说的情形。即使从另外一架不是迎面飞来的飞机上偶然跌落下来的一颗子弹，如果跌到这架飞机上，这颗跌下的子弹碰到这架飞机时候的力量，跟从机枪里射

地里的西瓜→

到飞机上的力量一样。这道理很明显，子弹跟飞机的相对速度相等，大约都是每秒800米，因此跟飞机接触时候的破坏后果也一样。

❖ 与速度的紧密联系

相反地，假如一颗从机枪射出的子弹，在飞机后面用跟飞机相同的速度前进，这颗子弹对于飞机上的飞行员，大家已经知道是没有危害的。两个物体向相同方向用几乎相等的速度移动，在接触的时候是不会发生什么撞击的，这一个道理在1935年，有一位司机就曾经十分机敏地运用过，因而避免了一次就要发生的撞车惨剧。

事情的经过是这样的：在这位司机驾驶的列车前面，有另外一列列车在前进。前面的列车由于蒸汽不足，停了下来，机车把一部分车厢牵引到前面的车站去了，另外36节车厢暂时停在路上。但是这36节车厢由于轮后没有放置阻滑木，竟沿着略有倾斜的铁轨以每小时15公里的速度向后滑溜下来，眼看就要跟他的列车相撞了。这位机警的司机发现了问题的严重性，立刻把自己的列车停了下来，并且向后退去，逐渐增加到每小时15公里的速度。由于他这样机智的办法，这36节车厢终于平安地承接在他的机车前面，没有受到丝毫损伤。

根据同样的道理，人们造出了在行进的火车上使得写字方便的装置。

原来，在火车上写字十分困难，因为车轮滚过路轨接合缝时候的振动并不同时传到纸上和笔尖上。假如我们有办法使纸张和笔尖同时接受这个振动，那么它们就会处于相对静止的状态，这样在火车行进的时候写字就会没有困难了。

扩展阅读

大气层又叫大气圈，它紧紧地包围着地球。大气层的成分主要有氮气，占78.1%；氧气，占20.9%；氩气，占0.93%；还有少量的二氧化碳、稀有气体和水蒸气。大气层的空气密度随高度而减小，越高空气越稀薄。大气层的厚度大约在1000千米以上，但没有明显的界线。整个大气层随高度不同表现出不同的特点，分为对流层、平流层、中间层、暖层和散逸层，再上面就是星际空间了。

↓炮弹

自行车上的空心管

　　我想几乎所有人都骑过自行车，虽然自行车的主要部件都是钢铁，但自行车并不沉重，原因是什么？你会说那是因为自行车的车架和车把都是空心管，那它们为什么要做成空心管呢？

从植物开始探讨

　　几乎所有北方人都见过小麦，如果你曾经观察过小麦，你会发现，小麦秆为空心管。同样，南方的水稻也是空心管。当大风吹来时，不管是小麦还是水稻，它们的秆随着风起伏，但并不会折断，而比它粗很多的实心树枝却会被吹断。

　　类似的还有竹子，我们都知道竹子是空心的，而竹子的韧性也是首屈一指的，即使再大的风也仅仅只能将它压弯却不能折断。为什么呢？还有，竹子常常被用于建筑，如果在南方水域，用竹子做的筏也是随处可

见，这固然与空心竹子的浮力有关，可仅仅如此吗？

　　除此之外，还有大麦、芦苇、水

↓竹子

科学家对竹子进行力学测定表明，竹子的收缩量很小，而弹性和韧性极强，顺纹抗压强度每平方厘米为800千克左右；顺纹抗拉强度每平方厘米可承载1800千克；其中刚竹的顺纹抗拉强度每平方厘米达2833千克，享有"植物钢铁"的美称。因此，人们用竹子代替钢筋来浇铸竹筋水泥建筑物。如机械设计师利用竹子研制出很有价值的空心转动轴，在不降低承载能力的条件下可节约一半钢材。著名建筑大师贝聿铭设计了高达315米70层的中国银行大厦，这一"仿竹杰作"至今仍巍然屹立于多台风的香港。

芹等都是空心的，这里面有什么道理呢？

事实上，这些植物之所以是空心的，那是因为空心管结构有着良好的抗形变的力学特性。也就是说，空心茎要比实心茎更能经受住压力。现在，我们就以身边的自行车横梁为例，来详细说明空心管的力学原理。

原来如此

从德莱斯制成了世界上第一辆自行车以来，人们不断地对自行车的样式、材料进行改良，但不管哪种自行车，车架都是用很薄的空心管子做成的。车架是自行车的骨骼，因此要求有足够的强度，难道空心管要比实心管的硬度更强吗？

其实，自行车空心管的灵感正是来自于大自然的麦秆，一根细长的小麦秆，能够支持比它重几倍的麦穗，奥妙就在于它是空心管，原来，任何一块材料遇到外力发生变形的时候，总是一边受到挤压力，另一边受到拉伸力，而材料中心线附近长度基本不变，这就是说，离中心线越远，材料受力越大，空心管的材料的强度几乎都集中在离中心线很远的边壁上，因此，它比一根同样重的实心管的强度要大得多。

所以，为了减轻车架的自重，并节省材料，人们将车架做成空心的，使大部分材料靠近其上下表面，以发挥最大的抗拉和抗压效益。

↓空心管

物体质量变化之谜

我们身边有无数的东西，但是你知道吗，其实它们的重量并不是固定不变的！也许你不会相信，但这是真的。你是不是很想知道为什么呢？那就请看看下面的答案吧。

变化的地球引力

地球引力就是地球施向一个物体的吸引力。地球引力会随着物体从地面升高而减低。假如我们把一千克重的砝码提高到离地面6400公里，就是把这砝码举到离地球中心两倍于地球半径的距离，那么这个物体所受到的地球引力就会减弱到四分之一，如果在那里把这个砝码放在弹簧秤上称，就不再是1000克，而只是250克。

根据万有引力定律，地球吸引一切物体，可以看作它的全部质量都集中在它的中心也就是地心，而这个引力跟距离的平方成反比。在上面这

个例子里，砝码跟地心的距离已经加到地面到地心距离的两倍，因此引力就要减小到原来的四分之一。如果把砝码移到离地面12800公里，也就是离地心等于地球半径的三倍，引力就要减小到原来的九分之一，即1000克的砝码用弹簧秤来称，就只有111克了，依此类推。

深入地底，引力又会如何

根据上面的判断，我们自然而然会产生一种想法，认为物体越跟地球的核心——也就是地心——接近，地球引

↓大气层

力就会越大。也就是说，一个砝码，在地下很深的地方应该更重一些。但事实上，这个臆断是不正确的：物体在地下越深，它的重量不但不会增大，反而会减小，这是为什么呢？

原来，在地下很深的地方，吸引物体的地球物质微粒已经不只是在这个物体的一面，而是在它的各方面。如果把一个砝码放在地下很深的地方，砝码会一方面受到在它下面的地球物质微粒向下方吸引，另外一方面又受到在它上面的微粒向上方吸引。我们不难证明这些引力相互作用的结果，实际发生吸引作用的只是半径等于从地心到物体之间的距离的那个球体。

因此，如果物体逐渐深入到地球内部，它的重量会很快减少。一到地心，重量就会完全失去，变成一个没有重量的物体。因为，那时候物体四周的地球物质微粒对它所施的引力各方面完全相等，也就是说，四面八方的引力互相抵消了。

所以，只是当物体在地面上的时候，重量才最大，而不论升到高空或深入地球，都只会使它的重量减少。

↓太空中看地球

不倒翁不倒之谜

你玩过不倒翁吗？不倒翁是用泥或塑料制成的玩偶，它的底部近似半圆球形。将不倒翁放在桌面上，用手把它的上半部向一侧倾斜，松开手，不倒翁便左右摇晃起来，但不会摔倒，等停止摇晃后，不倒翁便又会稳稳地立在桌上。即使你将不倒翁横放在桌上，一旦松开手，不倒翁又会摇摆着立起来。不倒翁为什么永远不会倒呢？

与本身的设计有关系

原来，对任何物体来说，要使它稳定，不易翻倒，需要满足两个条件：第一，它的底面积要大；第二，它的重心要低。物体的重心是其所受重力的合力作用点，它要尽可能集中在底部，这样物体才比较稳。对于任何物体来说，它的底面积越大，重心越低，它就越稳定，越不容易翻倒。

比如，平放的箱子很稳定，但

把它竖立起来就容易翻倒；塔形建筑物总是下面大上面尖；在快速行驶的车里，站着的人如果把腿叉开，并把身体降低，便不容易摔倒。不倒翁的上半身是用比较轻的材料做成的，但在它身体内的底部有一块较重的铅块或铁块，因此它的重心很低；另一方面，不倒翁的底面大而圆滑，容易摆动。当不倒翁向一边倾斜时，由于支点发生变动，重心和支点就不在同一条铅垂线上，这时候，不倒翁在重力的作用下会绕支点摆动，直到恢复正常的位置。不倒翁倾斜的程度越大，重心离开支点的水平距离就越大，重力产生的摆动效果也越大，使它恢复到原位的趋势也就越显著。

不倒翁→

现如今，不倒翁又有了新的含义。前些年，池北偶先生曾为华君武先生的漫画《不倒翁倒了》题诗一首："此翁就不倒，自在又逍遥。赔钱无所谓，补贴伸手要。厂长照样当，不愁乌纱帽。如今世道变，无法捞稻草。亏损得关门，靠山没处找。时来厄运到，不倒翁倒了。"此诗在对当今社会上新的不倒翁进行辛辣讽刺的同时，也道出了他们的最终结局。

所以，不倒翁是永远推不倒的。像不倒翁这样，原来静止的物体在受到微小扰动后能自动恢复原位置的平衡状态，在物理学上叫作稳定平衡。

稳定平衡是一切客观存在的物体所具有的基本特征。这是因为，一切物体均处于不变化和变化的矛盾过程中。不变意味着物体处于一种平衡状态，外在因素和内在因素都在对物体的平衡状态产生作用，而物体却能在一定范围内恢复原来的平衡状态。所以可以将稳定平衡视为物体的一种基本特征，并且扩大到哲学的视野来表述。

拿着竹竿走钢丝

同不倒翁重心低的原理相同，我们经常见到走钢丝的人往往手里拿着一根竹竿，事实上这根竹竿一方面转动惯性大，另一方面起了延长手臂的作用，这样使得高空走索演员可以通过左右摆动竹竿来调节自己身体的重心，因为钢丝绳索很细，对人的支面极小，一般人很难让身体的重力线恰巧落在绳索上，而拿着竹竿却能弥补这方面的不足。

所以要想保持物体的平衡，那就先从物体的重心着手吧。

↓走钢丝

由苹果落地所想到的

我想大家都知道牛顿的一个小故事，没错，就是脑袋被苹果砸了一下那个故事。这件事启发了牛顿的一些探索和设想，但是你有没有真的去了解这个故事呢？你从这个故事里真正学到了什么呢？不妨我们再来温习一下吧。

❖❖ 大家熟知的故事

1665年，牛顿大学毕业，获得了学士学位，当时正在流行淋巴腺鼠疫，牛顿回到了家乡乌尔索普"消闲"。在这段"消闲"的时间里，牛顿开始潜心观察自然界的规律。在家的这两年，是他一生中最为鼎盛的时期，许多重大发现都是在这时候奠定基础的，万有引力定律就是其中一个。

一天傍晚，天空晴朗。晚饭后，牛顿来到他家的后花园中乘凉。当天空中星光闪烁时，他已躺在一棵很大的苹果树下，呆呆地望着天空的星星

物理学秘史

知识链接

万有引力定律是艾萨克·牛顿在1687年于《自然哲学的数学原理》上发表的。牛顿的普适万有引力定律表示如下：任意两个质点通过连心线方向上的力相互吸引。该引力的大小与它们的质量乘积成正比，与它们距离的平方成反比，与两物体的化学本质或物理状态以及中介物质无关。

↓苹果

出神。他想，星星为什么不从天上掉下来呢。忽然，一个东西砸在牛顿的脑门上，牛顿用手一摸，竟是一个熟透了的苹果。他拿起苹果，仔细端详着，仿佛欣赏一件艺术品一样，可脑中却想到了另一个问题：苹果为什么单单向下掉，而不向天上飞呢？

牛顿的发现

当时人们已经知道，月球之所以能围绕地球运行，是因为有地球的引力。牛顿同样推想，苹果只向地面下落，是不是也是受到地球的引力呢？于是牛顿又进一步推想，这两种引力是不是属于同一种性质的引力呢？带着这种推想，牛顿仔细研究了前人，主要是伽利略与开普勒的工作，包括开普勒行星轨道运动的三条经验定律，经过反复对比计算，牛顿终于推论出支配行星运动的作用力是行星与太阳之间的相互吸引力，它与太阳及行星的质量成正比，而与它们之间的距离平方成反比。

计算还表明，支持月球轨道运动的作用力也是与地球、月球质量成正比，与地球和月球之间的距离平方成反比，于是牛顿做了进一步推断：任何两个物体之间都有引力作用，作用的大小与两物体质量成正比，与它们之间距离的平方成反比，这就是万有引力定律。

后来，英国物理学家胡克通过扭秤实验，测量了两个小球之间的相互作用引力，证明了牛顿万有引力的正确性。

↓月球仪

妙用不准确的天平

相信大多数人都知道自己的体重，我们也经常看到医院或药店摆着体重秤，只要往上一站就能称出自己的体重。还有，我们经常在菜市场看到商贩们拿着杆秤，一边是砝码一边是托盘，那么现在我要问大家一个问题，要想得到正确的称量，什么东西最重要，是天平还是砝码？

天平中的奥妙

是天平重要还是砝码重要？很多人会回答两样都重要，但事实上这个回答是错的，因为我们可以用一架不正确的天平做出正确的称量，只要手头有正确的砝码！也就是说，砝码比天平重要！

用不正确的天平如何能够进行正确的称量呢？方法有很多，现在我们来谈谈里面的两种方法。

第一种方法是俄罗斯的化学家门捷列夫提出的。第一步，把一个重物放到天平的一只盘上，什么重物都可以，只要它比要称的物体重一些就好。然后把砝码放在另外一只盘上，使天平的两边平衡。现在，把要称的物体放到放砝码的盘上，从这只盘上逐渐把一部分砝码拿下来，使天平恢复平衡。这样，拿下的砝码的重量，自然就等于要称的物体的重量，因为就在这同一只天平盘上，拿下的砝码现在已经由要称的物体代替了，可知它们是有相同的重量的。

这个方法一般叫作"恒载量法"，对于需要一连串称量几个物体的时候特别适用，那原来的重物一直放在一只盘里，可以用来进行全部的称量。

↓天平

天平是实验室中常用的仪器。天平是一种衡器，是衡量物体质量的仪器。它依据杠杆原理制成，在杠杆的两端各有一小盘，一端放砝码，另一端放要称的物体，杠杆中央装有指针，两端平衡时，两端的质量（重量）相等。据纸草书的记载，早在公元前16世纪，埃及人就开始使用天平了。古埃及的天平虽然做得很粗糙，但是已经有了现代天平的轮廓，成为现代天平的雏形。17世纪中叶，法国数学家洛贝尔巴尔发明了摆动托盘天平，托盘天平的发明被认为是对古老的吊式天平的重大改进，至今，托盘天平仍被广泛使用。

不同的测量相同的证明

弹簧秤只有一个秤盘，而这个弹簧秤又不准，那么要准确地测量物体的重量，应该怎么办呢？

其实，我们也可以采用同样简单的方法，假如你手头除掉弹簧秤以外，还有一些正确的砝码的话。这儿用不到沙粒或铁沙，把要称的物体放到秤盘上，把弹簧秤所指示的重量记下。然后，把物体拿下，逐渐加上砝码，一直到弹簧秤指出同样的重量为止。这些砝码的重量，自然就等于要称的物体的重量了。

怎么样，很简单吧，可是要注意前提：一定要有准确的砝码哦！

另外一种称量的方法是这样的：把要称的物体放到天平的一只盘上，另外拿些沙粒或铁沙加到另外一只盘上，一直加到两边平衡。然后，把这物体拿下，记住，沙粒别去动它，而后逐渐把砝码加到这只盘上，加到两只盘重新恢复平衡为止。于是，盘上砝码的重量自然就是要称的物体的重量了。这个方法叫作"替换法"。

恒载量法和替换法是在天平不准的情况下经常用到的，这主要对于有天平的秤来说的，那么没有天平的秤，比如说弹簧秤呢？

弹簧秤→

妙用陀螺和陀螺仪

冬天，北方的小朋友喜欢玩种冰上游戏——抽陀螺。陀螺的形状通常是上平下尖，或者中间平两头尖。小朋友挥动鞭子，原先躺在冰面上的陀螺就会慢慢立起来，并且旋转起来，只要陀螺保持快速旋转，它就能一直直立旋转而不摔倒。为了保持快速旋转，当陀螺慢下来时，小朋友就会挥动鞭子，给陀螺一个作用力，使它继续旋转。而如果不用鞭子抽，随着摩擦力的作用，最后，陀螺会越转越慢，最终摔倒在冰面上。快速旋转的陀螺不会摔倒的奥秘在哪呢？

与运动的惯性有关

陀螺能够绕着自己的轴旋转，首先是由于鞭子给了它一个动力，使陀螺开始高速旋转。高速旋转的物体有一个特性，它的每一个点与转轴之间的距离不会改变，每个点都在与转轴相垂直的平面里做圆周运动。这样，便保持了转轴的方向，形成了动中有

不动的现象。陀螺的这种稳定性是转动惯性的一种表现。

当陀螺旋转起来后，各部分都有了水平方向的速度。运动惯性要保持原速度的方向不变，而陀螺各部分所受到的向心力是沿着水平方向作用的，因而速度方向的改变，只限于在平面内发生，而不会发生偏上或偏下的变化，也就是转动的陀螺保持在水平面内运动，使得转动平面和相垂直的轴线的方向保持不变。

抽陀螺→

为使陀螺的旋转轴保持竖直，就必须使它的转速大于某确定值，这就是为什么要用鞭子沿水平方向不时抽打陀螺的原因。只要陀螺的转速大于该确定值，陀螺就会一直保持竖直旋转。一旦陀螺与冰面的摩擦力增大，使转速小于临界值时，陀螺就会摔倒。

用陀螺仪定向

我们知道，轮船航行在浩瀚的海洋中，飞机飞翔在茫茫的天空中，需要随时知道自己的航向、姿势、位置和速度。而在陆地上辨别方向很简单，人们可以通过地面上的建筑、山河等物，以及路标、指南针或者向导来解决这个问题。但是，在四面八方没有特征差异的大海、天空和太空中，由于没有参照物，辨别方向和位置就是个大难题了。为了解决这个难题，人们根据陀螺的特性，制成陀螺仪，用作大海、天空和太空中定向和导航。为什么陀螺仪能定向呢？这要从陀螺仪的结构说起。

陀螺仪主要由高速转动的陀螺和灵活的万向支架组成。陀螺用摩擦力很小的轴承支撑在内环上，内环又用轴承支撑在外环上，外环又通过轴承支撑在基座上。陀螺的转速极高，所以稳定性极好，总保持在原定的方向。同时，由于万向支架的摩擦力很小，向哪个方向都能方便地转动，就大大减少了外力对陀螺的影响。这样

一来，不管怎样航行，基座随着轮船的变动，陀螺总能够指向原来的方向，稳定地绕旋转轴高速旋转。驾驶员通过陀螺仪表盘就可以了解航行的方向，这被称作陀螺导航。

人们在飞机、导弹、人造卫星、宇宙飞船里安上陀螺仪，让它带动自动控制系统，就能实现自动导航，被称为自动导航系统。通信卫星上天后，不能东倒西歪，任意翻滚，应该使之保持一定的姿态，要保证天线总是对准地面，这也可以利用陀螺的稳定性原理。办法是让人造卫星绕着规定的轴自转起来，使它变成一个陀螺，旋转轴总是指向规定的方向，就可以保持一定的姿态了，同时，让天线和必要的部分沿着同一轴反向旋转，于是，天线就总是对准地球了，这就是被称作人造地球卫星的双旋稳定技术。

这些不管多么复杂的技术，其基本原理还是利用了陀螺的特性。

扩展阅读

陀螺，也作陀罗，是中国古老的娱乐项目，闽南语称作"干乐"，北方叫做"冰尜（gá）"或"打老牛"，英文称之为"spinning top"，日语中以"独乐"表示，称为"KOMA"。陀螺是一种儿童玩具，形状略像海螺，多用木头制成，下面有铁尖，玩时用绳子缠绕，用力抽绳，使其直立旋转。有的用铁皮制成，利用发条的弹力旋转。

神奇的世界

第五章

磁——看不见、摸不着的力量

中国是世界上最早发现磁现象的国家，早在战国末年就有磁铁的记载，中国古代的四大发明之一的指南针就是其中之一，指南针的发明为世界的航海业做出了巨大的贡献。现在，磁现象与日常生活、科技密切相关。本章将通过有关磁的物理知识来认识和探究一些有趣的生活现象。

指南针地位之探究

提起中国古代四大发明，很多人都知道是造纸术、印刷术、火药和指南针，那为什么人们将指南针的发明看得如此重要呢？

生活中的必需品

我们知道，在野外行路、作战，或者是在海洋中航行时，对于识别方向而言，指南针是至关重要的。如果不能分辨东西南北，轻则迷失方向，不能到达目的地，重则贻误战机或者使自己落入敌人设好的埋伏中。既然辨别方向如此重要，人们很早就总结出一些在野外识别方向的办法，如利用地形地物、阳光、树的年轮等。但如果是在阴雨天，或者到一个不熟悉的地方，或者是周围没有可供辨别方向的地形地物时，或者是在天水一色的海洋中，怎样识别方向呢？于是人们便想方设法制造出一些用来识别方向的工具。

传说，在黄帝时已经发明了指南车，指南车不是利用磁定位原理辨别方向的，而是利用齿轮转动的方法，使指南车无论怎样转向，车上立着的小铜人的手都会一直指向南方。在2000多年前的春秋战国时期，人们已经发现了天然磁石并知道它能吸引铁，所以把它叫作"磁石"，并且知道，找到磁石，就能找到铁矿。

战国时期，人们已经知道磁石可以指示南北方向，并用天然磁石制成了指南工具——司南。

↑指南针

↑ 司南

法和用法。人工磁体的发明，使制造指南针变得很容易，在11世纪后，人们已经将指南针用于航海。后来又发明了将指南针与方向盘结合的"针盘"，也就是罗盘。

我国不但是最早发明指南针的国家，也是最早用磁感应方法制造人造磁体的国家，而且是最早把指南针用于航海的国家，在人类文明史上有着非常重大的意义，所以人们将指南针列为中国最重要的四大发明之一。

根据文献和考古实物，现在已经按原样将司南复制成功，它是一个用天然磁石制成的勺状物，放在标示方位的方盘上，转动磁勺，当磁勺慢慢停下时，勺柄就会指向南方。但是，利用天然磁体制作司南十分困难，人们想，能不能做出人造磁体呢?

人造磁体的出现

北宋以前，我国发明了指南鱼。制作方法是把薄铁片剪成鱼的形状，然后把鱼放在炭火中烧红，用铁钳夹着鱼头，鱼尾对准北方，将鱼尾尖放在冷水中淬火，这是利用淬火相变和地磁场热处理工艺使铁片人工磁化，这样就制成了人工磁体。将磁鱼安放在小木块上，放在水碗里，就能指示南北了。后来，又发明了用轴承支撑的指南龟。

北宋沈括的《梦溪笔谈》和其他古籍文献介绍了四种有关指南针的制

扩展阅读

古代有关指南针的制法和用法。(1)"指甲旋定法"：把磁针放在手指甲面上，使它轻轻转动，指南针能在光滑的指甲上旋转自如；(2)"碗唇旋定法"：将指南针放在光滑的碗口边上，磁针搁在碗口边缘，磁针可以旋转，指示方向；(3)"缕悬法"：在指南针中部涂上一些蜡，系上一根细丝线，把细丝线悬挂在无风的地方，(4)"水浮法"：把指南针放在有水的碗里，想办法使它浮在水面上，等水面平稳以后，指南针便能指示南北了。

变压器原理之探究

大家见过变压器吗？其实我们家里的电都是从变压器上面转变过来的。我们知道，变压器能改变电压，在电流从电厂送到输电网上传输之前，要将其变为超高压电流；在进入工厂和家庭之前，又要逐渐将电压降低到工作电压，才能用来带动用电设备。从高压到低压，或从低压到高压的转变，都离不开变压器。那么，为什么变压器能改变电压呢？

◆ 小实验大发现

首先，让我们来做一个小实验，把两卷电线做成线圈并排在一起，就可以制成一部简单的变压器。如果我们把一个线圈接到交流电源上，我们会发现在第二个线圈内有电流通过，虽然两个线圈之间并未接通。这是怎么回事呢？

原来，变压器是按照磁性原理工作的，也就是说，变压器本质上是在利用电磁感应原理进行工作。

普通变压器一般都有两个独立的线圈，同绕在一个闭合的铁芯上，铁芯是用硅钢片叠加组成的。接在交流电网间的一个线圈叫作初级线圈或原线圈，另一个接负载的线圈叫次级线圈或副线圈。当电流在初级线圈内流过时，它的周围便有一个磁场，但由于交流电经常改变方向，电不断地停止流动，又再开始流动。在每次电流更改方向时，磁场消失又再重现，结果，磁场经常处在"运动"中。当磁场重现，它从线圈散发出去；而当它消失，它回到线圈中去。

于是磁不断地穿过次级线圈，来来去去。由于磁不停地运动，便在次级线圈中诱导出了电子流。

↑ 小型变压器

变压器是利用电磁感应的原理来改变交流电压的装置，主要构件是初级线圈、次级线圈和铁心（磁芯）。在电器设备和无线电路中，常用作升降电压、匹配阻抗、安全隔离等。在发电机中，不管是线圈运动通过磁场或磁场运动通过固定线圈，均能在线圈中感应电势。在这两种情况下，磁通的值均不变，但与线圈相交链的磁通数量却有变动，这是互感应的原理。变压器就是一种利用电磁互感应，变换电压、电流和阻抗的器件。

与线圈的匝数有关

由于磁的来回穿越，在次级线圈中诱导出了电子流，也就是在次级线圈中产生了电推力，这就是我们常说的电压。电推力（电压）总量的大小由什么决定呢？

事实上，电推力的总量取决于两线圈的匝数之比。例如，初级线圈有100匝，而次级线圈有200匝，那么，在次级线圈内产生的电压，将是初级线圈的电压的2倍。这样，就可以将低压电变为高压电。加大两个线圈的匝数比，就可以把电压提高更多倍。反过来也一样，如果初级线圈的匝数比次级线圈的匝数多，在次级线圈中的电压将会降低。这样，就可以将高压

电变为低压电。

由此可见，变压器之所以能够改变电压的高低，主要是因为初级线圈和次级线圈的匝数不同，初级线圈匝数比次级线圈多，是降压变压器；反之，初级线圈匝数比次级线圈少，是升压变压器。用变压器几乎可以构成任何电压比率，只要更改变压器两边线圈的匝数就行了。

最后注意一点儿，变压器只能改变交流电的电压，但不能改变直流电的电压。

电压，也称作电势差或电位差，是衡量单位电荷在静电场中由于电势不同所产生的能量差的物理量。其大小等于单位正电荷因受电场力作用从A点移动到B点所做的功，电压的方向规定为从高电位指向低电位的方向。电压的国际单位制为伏特（V），常用的单位还有毫伏（mV）、微伏（μV）、千伏（kV）等。

电压可分为高电压，低电压和安全电压。高低电压的区别是：以电气设备的对地的电压值为依据的。对地电压高于250V的为高压。对地电压小于250V的为低压。其中安全电压指人体较长时间接触而不致发生触电危险的电压。我国对工频安全电压规定了以下五个等级，即42V、36V、24V、12V以及6V。

指南针不指南探究

　　顾名思义，指南针，当然要指着南啦，不指着南为什么要叫指南针呢？可是现在我要告诉大家指南针不是指向南方，这到底怎么回事呢？一起来看看吧。

磁场决定着方向

　　人们很早就发现，指南针并不指向地理上的正南方向，而是有一定的偏差。早在北宋时期，沈括就指出指南针的方向"常微偏东，不全南"，也就是说，指南针指的并不是正南，而是略微偏东。这个偏射的角度叫磁偏角。

　　1492年，意大利航海家哥伦布率领船队第一次横渡大西洋时，发现罗盘指针出了偏差，罗盘指针在4天内整整移动了1格。也就是说，至少偏移了11度，迷信的水手们把这种异常情况看作是上帝的警告。为了平息迷信的

水手们的骚动，哥伦布偷偷改变了罗盘方位盘的位置，并对水手们说罗盘针并没有移动。当哥伦布到达新大陆时，罗盘针又重新指南了。

　　现在，人们可以用磁偏角的存在来解释指南针不指向正南正北的

现象。地球南北极与地磁两极并不重合，静止时小磁针的指向与地球经线之间的夹角叫磁偏角，磁偏角会随着地理坐标的改变而变化。

寻找正确方法

虽然我们知道如何利用指南针，但是当在野外指南针失灵或被附近磁场干扰而迷路时，我们怎样判别方向呢？下面介绍的是寻找正确方向的几种常用方法。

如果沿道路行进时迷路，那就标定地图，对照地形，判明是从哪里开始发生的错误以及偏差有多大，然后根据情况另选迂回的道路前进。如果错得不多，可返回原路再行进。

如果越野行进时迷的路，那应尽早停止行进，标定地图后选择最适用的方法确定站立点，然后尽量取捷径插到原来的正确路线上去，不得已时再返回原路。

如果在山林地中行进时迷路，那应该根据错过的基本方向、大概距离，找出最近的那个开始发生偏差的地点，并以此为基础，确定出站立点的概略位置。如果错得太远，确定不了站立点，又不能返回原路，就要在地图上看一看，迷失地区附近是否有较大型或较突出的明显地形(最好是线状的)，如果有，就要果断地放弃原行进方向向它靠拢，并利用它确定站立点。如果没有这个条件，那么就继续按原定方向前进，待途中遇到能够确定站立点的机会后，再迅速取捷径插向目的地。在山林中行进，最忌讳在尚未查明差错程度和正确的行进方向都不清楚的情况下，匆忙而轻易地取"捷径"斜插，这样很可能在原地兜圈子。

↓指北针

电磁波功能之探究

你知道什么是电磁波吗？你知道它在我们生活中起到什么作用吗？电磁波跟电和磁有什么关系吗？下面让我们一起来看一下。

艰难的探索

在人类的认识史上，一开始人们认为电和磁是完全独立无关的。直到1820年，丹麦人奥斯特发现电流对它附近的磁针有力的作用，才彻底打破了传统观念。后来由于安培、楞次、法拉第等许多科学家的努力，人们认识到了电和磁是密不可分的，并且建立了电场和磁场的概念以及电磁感应方程。

1865年英国著名的物理学家、卡文迪许实验室的创始人麦克斯韦预言了电磁波的存在，即在空间某区域变化的电场会在邻近的区域中引起变化的磁场，这一变化的磁场又在较远处引起变化的电场，这种在空间变化的

电场和磁场交替产生，并且在空间由近及远地传播过程，就叫作电磁波。

麦克斯韦经过理论计算还得到了电磁波的许多重要性质，包括电磁波是横波，电磁波在真空传播速度等于真空中的光速，约等于30万千米／秒，在空间中任何一点的电场和磁场强度都随时间作周期性变化，而且它们的变化是完全同步的。

麦克斯韦关于电磁波存在的预言直到他1879年逝世也没有被实验证

知识链接

詹姆斯·克拉克·麦克斯韦，英国物理学家、数学家。科学史上，称牛顿把天上和地上的运动规律统一起来，是实现第一次大综合，麦克斯韦把电、光统一起来，是实现第二次大综合，因此他应与牛顿齐名。1873年出版的《论电和磁》，也被尊为继牛顿《力学原理》之后的一部最重要的物理学经典。没有电磁学就没有现代电工学，也就不可能有现代文明。

实。直到他逝世9年之后的1888年，才被德国物理学家赫兹用实验证实。现在，人们已经可以用电子学的方法产生频率高达10¹²赫兹的电磁波，这包括无线电波和微波。波长更短的电磁波主要来自原子辐射，如红外线、可见光、紫外线和X射线。原子的最高频率可达10²⁰赫兹。更高频率的电磁波是γ射线，它是由高能粒子与原子核相互作用而产生的。

所有这些波尽管名称不一样，波长也不同，但它们都具有电磁波的特性，以同样的速度传播，它们都是电磁波。

各种电磁波的功能

为了全面了解电磁波，人们常按电磁波的波长或频率的大小顺序排列成谱，叫作电磁波谱。按波长从长到短的排列次序，依次是无线电波、红外线、可见光、紫外线、X射线和γ射线。

无线电波主要用于通信、广播、电视。

红外线的波长为750纳米至0.75毫米，人的肉眼看不见。红外线最容易被物体吸收并转化为热能。红外线虽然不能直接被肉眼看见，但可以通过氯化钠和锗材料制成的透镜和棱镜使特制的底片感光进行红外摄影，并可制成"夜视"仪器。我们在电视中经常看到的军事战争实况和侦查案件中在夜间黑暗中拍摄的画面都是红外摄像。

可见光是肉眼能直接看得见的电磁波，波长范围从紫光到红光为400纳米至760纳米。可见光主要是由原子中外层电子在不同能级之间跃迁产生的。

紫外线的波长更短，在1纳米至400纳米的范围内。紫外线有显著的生理作用，可用来消毒、杀菌，但人过量照射紫外线也会导致皮肤癌的发生。

X射线即伦琴射线，其波长比紫外线更短，为0.01纳米至10纳米。X射线一般由特制的伦琴射线管产生，它具有很强的穿透能力，能使照相底片感光，使荧光屏发光。利用这些性质，可探视人体内部的病变和工业擦伤。

γ射线是由原子核内部的变化产生的一种波长极短的电磁波，其波长在0.01纳米以下，多用于研究原子核的结构。

扩展阅读

红外线和紫外线都是人的肉眼看不见的，只能利用特殊的仪器来探测。无论是可见光、红外线还是紫外线，它们都是由原子或分子等微观客体激发的。近年来，一方面，由于超短波无线电技术的发展，无线电波的范围不断朝波长更短的方向发展，另一方面，由于红外技术的发展，红外线的范围不断朝波长更长的方向扩展。目前，超短波和红外线的分界已不存在，其范围有一定的重合。

广播与电视之探究

当你打开一台非常普通的半导体收音机时，会听到全国各地甚至国外的广播电台的节目，可是如果你不借助有线电视，恐怕连一二百千米外的电视节目也不可能收到。这是为什么呢？

都是波的衍射在搞鬼

事实上，这与波的衍射现象密切相关。衍射是波在传播过程中遇到障碍物时偏离直线传播的现象，说得通俗一点就是：当条件合适的时候，光可以绕过障碍物，改变传播方向而继续前进。这是声波、水波、电磁波、电波的共有性质。

在日常生活中，人们每天都会遇到并在自觉不自觉地利用波的这种衍射性质。如每天人们都会听到许多声音，其中有些声音是绕过房屋、墙壁等障碍物才传入室内人们的耳朵的，这就是声波的衍射。

影响声波衍射的因素

那么波的衍射强弱和什么有关呢？法国物理学家菲涅耳深入地研究了衍射现象，发现影响衍射强弱的因素有很多，但主要有两个因素：一是障碍物的尺寸，二是波长的长短。一般地说，波的衍射现象是否显著，主要取决于障碍物尺寸的大小与波长的对比。波长越长，障碍物尺寸越小，

↓电磁波也存在衍射现象，路由器就是利用电磁波在传递信号

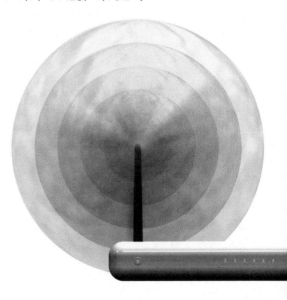

衍射现象就越明显。反之，当障碍物尺寸远远大于波长时，波只能表现为直线传播。

广播信号和电视信号虽然都是电磁波，但它们的波长相差很远。通常，广播用的无线电波在中波波段，波长有几百米至几千米，因此它可以轻而易举地绕过建筑物、森林及山峰进入用户的收音机。而电视信号的无

↑ 北京广播大厦

知识链接

菲涅耳（1788～1827年）法国土木工程师，物理学家，波动光学的奠基人之一。菲涅耳的科学成就主要有两个方面：一是衍射。他以惠更斯原理和干涉原理为基础，用新的定量形式建立了惠更斯—菲涅耳原理，完善了光的衍射理论。他的实验具有很强的直观性、敏锐性，很多现仍通行的实验和光学元件都冠有菲涅耳的姓氏，如双面镜干涉、波带片、菲涅耳透镜、圆孔衍射等。另一成就是偏振。他与阿拉戈一起研究了偏振光的干涉，确定了光是横波；他发现了光的圆偏振和椭圆偏振现象，用波动说解释了偏振面的旋转；他推出了反射定律和折射定律的定量规律，即菲涅耳公式；解释了马吕斯的反射光偏振现象和双折射现象，奠定了晶体光学的基础。由于在物理光学研究中的重大成就，菲涅耳被誉为"物理光学的缔造者"。

线电波长却只有1米，甚至小于1米，这样短的波长衍射现象自然不十分明显，几乎是直线传播，所以当它遇到障碍物时就被反射回去，不能进入电视接收机，因此即使在不远处的电视信号也不能直接收到。

神奇的磁力魔术

　　毫无疑问，大家都在电视上看到过魔术，有的很奇妙，有的很惊人，有的很好笑。你知道吗，其实有些魔术是离不开磁力的。那么就让我们一起去看看怎么用磁力变魔术的吧。

这是一个磁力魔术

　　魔术家有时候也使用电磁铁，很容易想象出，他们借助这种看不见的力量会表演出多么精彩的戏法。《电的应用》这本名著的作者达里，曾经谈到一位法国魔术家演出时候的情况。他那一场戏法，在不知道内容的观众看来，真好像是有妖术似的。下面是那个魔术家精彩的魔术表演：

　　在表演魔术的台上有一个不大的包着铁皮的箱子，箱盖上装有提手。魔术师对观众说："请你们当中来一位气力大的人。"有一位身材适中可是体格强壮的大力士应召上了台。他很有精神

和满怀着自信心，略微带点开玩笑的态度，微笑着站在魔术师的身旁。

　　"你力气很大吗？"魔术师从头到脚打量着他，问道。

　　"是的！"他满不在乎地回答魔术师。

　　"你相信你总是很有力气吗？"

　　"我完全有信心。"

　　"你错了，只需一会儿工夫，我就能使你失去力气，软弱得像个小孩子。"

　　大力士轻蔑地微笑了一下，表示他不相信魔术师的话。

　　"上这儿来，"魔术师说，"提这个箱子。"

魔术商店 →

大力士弯着腰提起箱子，高傲地问道："还要做什么？"

"稍微等一等。"魔术师回答。

这时，魔术师装出一副严肃的样子，并且用发命令的手势和庄重的声调对他说："你现在比女人还要软弱了。你再提一下这箱子看。"

大力士一点也没把魔术师的话放在心上，立刻又去提箱子。可是这一次箱子却出现了反抗力，无论他怎样用力，都不能挪动它，它好像固定在那里一样。这位大力士所用的力气的确是可以举起极重的物体，可是这次却完全不顶事。他累得直喘气，最后只得羞愧满面地离开戏台。他不禁开始相信魔术的力量了。

这位法国魔术家所表演的这场魔术的秘密其实很简单。原来铁箱子的底部是放在一个强大电磁铁的磁极上的。在没有电流的时候，箱子是不难提起的；可是电磁铁的线圈里一通电，那就是两三个人也别想挪动它了。

强磁戒指

很多人都看过刘谦在春晚上表演的近景魔术，事实上他主要的一个道具就是强磁魔术戒指。魔术戒指本身就是个普通的戒指，但因为具有强烈磁性，所以在表演魔术时发挥了极大的作用。据国外权威近景魔术专家介绍，利用这种戒指最少能设计出上千套近景魔术节目，这种戒指的出现，给所有魔术师带来了新的创作和收获。

事实上，无论怎样千变万化，利用强磁戒指的魔术归根结底还是利用了我们物理上的磁性，利用磁来吸收硬币或其他铁制东西，从而达到魔术里快速"消失"和"出现"的目的。

> **扩展阅读**
>
> 魔术是能够产生特殊幻影的戏法，即以迅速敏捷的技巧或特殊装置把实在的动作掩盖起来，使观众感觉到物体忽有忽无，变幻莫测。就广义的来说：凡是呈现于视觉上不可思议的事，都可称之为魔术。而表演者下工夫去学习，然后让人们去观看这种不可思议的表演效果，就是"表演魔术"。

↓陆家嘴磁铁雕像

磁学中的一个谜

一个电偶极子总是可以分为正、负两部分。但是，如果拿起一根小磁针，将它由中间一分为二，你总会发现，这两段小磁针都会有南北两极。存不存在一个只有北极或只有南极的磁体呢？还有，怎样使一段钢磁化呢？

寻找磁单极子

虽然电磁理论发展至今已经相当成功，实际应用也相当广泛，但物理学家仍觉得不够完美。1931年，英国著名物理学家狄拉克预言有"磁单极子"存在。在这一预言提出之后，人们一直努力寻找这似乎应该存在的东西，但均一无所获。

1975 年夏，美国有两所大学组成的一个研究小组报道发现了磁单极子。他们是在把测量设备装在高空气球上测量宇宙射线时意外地发现了一条单轨迹。经过两年时间的反复测量

和分析，他们认为这就是磁单极子的轨迹。消息发表后，轰动了物理学界，促进了理论和实验方面的研究，但仍没有获得进一步的结果。而这条轨迹究竟是不是磁单极子，却始终没有得出令人信服的结论。

1982年，斯坦福大学的物理学家们利用超导线圈进行了测量磁单极的实验。他们经过151天的长期观测发现有一次出现了磁单极子的迹象。这一结果发表在当年5月17日《物理快报》

上。但是，实验结果必须经过重复检验，才能确定结论是否正确，一次偶然的现象是不能得出正确结论的。

目前，科学家们正拭目以待。如果真存在"磁单极子"的话，电磁学理论就要被重新修改了。

怎样使钢磁化

首先应该说明，磁铁跟没有磁化的钢有什么分别。含在磁化了的或是没有磁化的钢里的每一个铁原子，我们都可以看成是一个小磁铁。在没有磁化的钢里，这些原子磁铁是没有次序地排列着的。因此，里面每一个小磁铁的作用，都被相反方向排列着的小磁铁的作用所抵消。相反地，在磁铁里，所有那些基本小磁铁都整齐地排列着，所有同性的磁极都朝着同一方向。

当我们用一块磁铁来摩擦钢条的时候，会产生什么情况呢？磁铁会用自己的吸力使钢里的基本小磁铁转过身来，让同性的磁极都朝着同一方向。基本小磁铁一开始就使自己的南极指向磁铁的北极，等磁铁移过一段路，它们就顺着磁铁运动的方向排列起来，使所有的南极都朝着钢条的中部。

从这里也容易明白，在使钢块磁化的时候，应该怎样来运用磁铁：应该把磁铁的一极放在钢条的一头，紧紧地压在上面，然后顺着钢条擦过去。这个方法是最简单也是最古老的一种磁化法，只适宜用来制取很小而且力量很弱的磁铁。强大的磁铁是利用电流制取的。

↓磁铁矿

大磁铁失败之谜

西汉有一个名叫栾大的方士，他利用磁石的性质做了两个棋子般的东西，通过调整两个棋子极性的相互位置，有时两个棋子会相互吸引，有时会相互排斥，栾大称其为"斗棋"。他把这个新奇的玩意献给汉武帝，并当场演示。汉武帝惊奇不已，龙心大悦，竟封栾大为"五利将军"。栾大利用磁石的性质，制作了新奇的玩意蒙骗了汉武帝。

↑滚烫的钢炉

原来是温度在作怪

假如你去工厂参观，你将看到电磁起重机把数吨重的生铁原料送进炼钢炉中，一刹那间，炉中火焰直窜，炉口铁水滚涌，一会儿，一炉优质钢就诞生了。工人们把钢水倒进钢包，浇钢工人又把钢水注进钢锭模子，待钢水凝固，拆去钢模，就成了成品钢材——钢锭。这时行车赶紧把这些热

的钢锭拉走，以便迎接下一批钢锭的到来。

既然电磁起重机能很方便地把生铁吸起，那它能不能把刚浇成的钢锭也吸起而转移呢？如果能的话，这将是一种既省事又快捷的搬运方法。可几经设计，均没有获得成功，这是什么原因呢？

原来这都是居里温度在作怪。通常铁制材料中由于含有铁，而铁是铁磁性物质，在磁场中很容易被磁化，因此可以被磁铁吸引，电磁起重机正是根据这一点来吊起生铁原料的。可

知识链接

居里温度也称居里点或磁性转变点，是指材料可以在铁磁体和顺磁体之间改变的温度，即铁电体从铁电相转变成顺电相引的相变温度。也可以说是发生二级相变的转变温度。低于居里点温度时，该物质成为铁磁体，此时和材料有关的磁场很难改变。当温度高于居里点温度时，该物质成为顺磁体，磁体的磁场很容易随周围磁场的改变而改变。这时的磁敏感度约为10^{-6}。

是铁的磁性是有条件的，这个条件就是温度。

当温度低于这一临界温度时，铁表现出磁性能被磁铁吸引。但当其温度高于这一临界温度时，铁的磁性就会消失，转化为磁性很弱的顺磁性，因而磁铁就无法吸起这种高温铁了。这一临界温度称为居里温度，很多物质，如铁、钴、镍、钆等都有铁磁转变温度，铁的居里温度为769℃，通常刚浇出的钢锭温度要比这个温度高，所以电磁起重机无法吊起热钢锭。

磁铁除草种

磁铁有一种用途说来有趣，它能帮助农民除掉作物种子里的杂草种

子。杂草种子上有绒毛，能够粘在旁边走过的动物的毛上，因此它们就能散布到离母本植物很远的地方。杂草在几百万年的生存斗争中获得的这种特点却被农业技术利用来除掉它的种子。农业技术人员利用磁铁，能把杂草的粗糙种子从作物的种子里挑选出来。如果在混有杂草种子的作物种子里撒上一些铁屑，铁屑就会紧紧地粘在杂草种子上，而不会粘在光滑的作物种子上。然后拿一个力量足够强大的电磁铁作用于它们，混合着的种子就会自动分开，分成作物种子和杂草种子两部分，电磁铁就能从混合物里把所有粘有铁屑的种子捞出来。

↓狗尾巴草

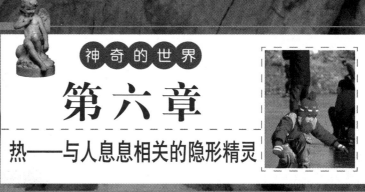

神奇的世界

第六章

热——与人息息相关的隐形精灵

物质内的分子运动产生热量，热量可以经过物质传导，并以对流和辐射的方式传播，这是热在生活现象中的三个原理。可生活中总有一些现象和我们的感官认识有所不同，其原因还是我们对事物的本质缺乏科学的认识。本章将通过一些有趣的生活现象来分析和认识热。

用沸水烧水

如果我们烧一锅水，水很快沸腾，但是如果我们往锅里放个瓶子，瓶子里也装满水，那瓶子里的水会烧开吗？

❖ 出乎意料的结果

我们这样做，在一个小瓶子里面灌些水，把它放到一个搁在火上的清水锅里。为了使小瓶不碰着锅底，应该把小瓶挂在铁环上。当锅里的水沸腾的时候，似乎瓶里的水也会跟着沸腾。可是不论你等多久，也等不到这个结果，瓶里的水会热，会非常热，但就是不会沸腾。沸水好像没有足够的热使水沸腾起来。这个结果出人意料，是怎么回事呢？

事实上，为了把水烧沸，光是把它加热到100℃是不够的，还必须再给

↑ 平底锅烧水

它很大一部分热，使水从液态变成气态。

纯水在100℃的时候就沸腾，并且在普通条件下无论怎样对它再加热，它的温度也不会再上升。这就是说，我们用来加热瓶里的水的那个热源温度既然只有100℃，那它能使瓶里的水达到的温度也只有100℃。这种温度的平衡一经达到，就不会再有更多的热量从锅里的水传到瓶里。

熔点和沸点的不同之处在于熔点是固体将其物态由固态转变（熔化）为液态的温度。与沸点不同的是，熔点受压力的影响很小。沸点是指在一定压力下，某物质的饱和蒸汽压与此压力相等时所对应的温度。

因此，用这种方法来对瓶里的水加热，我们就不能使它得到转变成蒸汽所必需的那份额外的"潜热"了。这就是小瓶里的水无论怎样加热都不能沸腾的缘故。

不一样的水

可能会出现这样一个问题，小瓶里的水和锅里的水有什么分别呢？要知道在小瓶里的也同样是水，只是同锅里的水隔着一层玻璃罢了，为什么瓶里的水就不能同锅里的水一样沸腾呢？

就是因为有层玻璃阻碍着瓶里的水，使它不能同锅里的水一起对流。锅里的水的每一个分子都能直接跟灼热的锅底接触，而瓶里的水只能同沸水接触。所以用沸腾的纯水来烧沸水是不可能的。可是如果向锅里撒一把盐，情况就不同了。盐水的沸点不是100℃，而是要略微高一些，因此，也就可以把玻璃瓶里的纯水烧沸了。

高压锅又叫压力锅，用它可以将被蒸煮的食物加热到100℃以上，于1679年由法国物理学家帕平发明。高压锅的原理很简单，因为水的沸点受气压影响，气压越高，沸点越高。在高山、高原上，气压不到1个标准大气压，不到100℃时水就能沸腾，鸡蛋用普通锅具是煮不熟的。在气压大于1个标准大气压时，水就要在高于100℃时才会沸腾。人们现在常用的高压锅就是利用这个原理设计的。高压锅把水相当紧密地封闭起来，水受热蒸发产生的水蒸气不能扩散到空气中，只能保留在高压锅内，就使高压锅内部的气压高于1个标准大气压，也使水要在高于100℃时才沸腾，这样高压锅内部就形成了高温高压的环境，饭就更容易很快煮熟了。

用煤来制冷

煤是用来取暖的，但是用它来"取冷"也不是不可能的事。在一种叫作"干冰"的制造厂里，每天都在用煤制冷。它是怎么制冷的呢？

用煤制造干冰

在这种工厂里，人们把煤放在锅炉里燃烧，然后把得到的烟气炼净，并且用碱性溶液吸收里面所含的二氧化碳气。再用加热的方法把纯净的二氧化碳气从碱性溶液里析出来，放在70个标准大气压下冷却和压缩，使它变成液体。这液体的二氧化碳就装在厚壁的筒子里，送到汽水工厂和其他需要的工厂里去使用。

液态二氧化碳的温度已经低到可以使土壤冻结。在建筑莫斯科地

↓煤矿

下铁道的时候，就曾经利用它做过这个工作。

液体二氧化碳在低压下能迅速蒸发而形成固体二氧化碳，这就是干冰。一块块的干冰从外形上看，与其说像冰，不如说像是压紧的雪。一般说来，它在许多方面都和冰有区别。如二氧化碳的冰比普通冰重，在水里会下沉；虽然它的温度非常低，可是你如果小心地拿在手里，你的手却感觉不到很冷：因为当我们身体和它接触的时候，它就产生二氧化碳气，保护你的皮肤不受冷。只有在紧紧握住干冰块的时候，我们的手指才会有冻伤的危险。

❖ 干冰的作用

"干冰"这个名称非常能说明这种冰的主要物理性质，它无论在什么时候都不会湿，同时也不会润湿周围任何东西。它受了热之后会立刻变成气体，并不经过液体状态。总之，二氧化碳是不可能在一个大气压下存在有液体状态的。

干冰的这一特性和它的十分低的温度结合在一起，就使它变成了无法替代的冷却物质。用二氧化碳的冰来冷藏食物，不但不会潮，并且还因为形成的二氧化碳气有抑制微生物生长的能力，保护食物不腐败，因此在食品上不会出现霉菌和细菌。另外，昆虫和啮齿类动物也不能在这种气体里生活。

最后，二氧化碳气还是一种可靠的防火剂：把几块干冰抛在燃烧着的汽油里，就能使火熄灭。干冰在工业和日常生活里都有广泛的用途。

知识链接

这里有一个做干冰的方法，不妨试试，简而言之就是用一个帆布口袋套在液态二氧化碳的容器口上，然后打开容器放出二氧化碳，这样可以在口袋中收集到一些干冰。大量生产需要用专门的干冰制造机。干冰应该储存在高压钢瓶中。如果没有高压钢瓶，将其放在冰箱的冷冻箱中，也可以保存5~10天。

↓干冰

冷水瓶与热水瓶

热水瓶大家都知道，可是你知道冷水瓶吗？你也许听人说起过或者在书报里读到过。这种用没有烧过的黏土做的容器有一种有趣的性能，它能使灌在里面的水比周围的物体更凉些。

原理其实很简单的

这种水瓶的冷却作用的原因其实很简单，瓶里的水透过黏土壁来到瓶外，会慢慢地蒸发，蒸发的时候就从容器和它里面的水里夺取一部分热。

不过这种容器里的水也不会变得很凉，像某些南国游记里所描写的那样。这里的冷却作用是不会很大的，它与许多条件有关系。空气越热，渗到容器外的液体就蒸发得越快越多，容器里面的水因而也就越凉。它也同周围空气的湿度有关：如果空气里水分很多，蒸发就会变慢，容器里的水也就不容易冷却；反过来，在干燥的空气里，蒸发会变得很快，容器的冷却作用也就更加显著。风同样能够加速蒸发，帮助冷却。你如果在热而有风的日子里穿一件湿衣服，你会觉得很凉快，从这一点就可以明白风的作用了。冷水瓶里温度的下降不会超过5℃。在南方炎热的日子里，温度计有时候指着33℃，这时候冷水瓶里的水往往同温水浴池里的水的温度相同，都是28℃。这样看来，这种容器的冷却作用实际上并没有多大用处。但是它能很好地保持冷水的温度，使它不热，它的主要用途也就体现在这一方面。

←保温水壶

热水瓶如何保温

人们习惯将热水瓶灌得很满，有时水满得都溢出来了，然后再塞上瓶塞。人们以为，把水灌满了更有利于保持瓶内的水温。这样做其实是不对的。

我们知道，热量传递有热传导、热对流和热辐射三种形式，要想保温必须尽量减少这三种传热方式。保温瓶由于采用了双层真空玻璃表面镀银，减少热量向外辐射，加上用软木瓶塞塞住狭细的瓶口，减少了热的传导，使得保温瓶中的开水能长时间保温。但由于瓶塞并不能完全阻断瓶中水与外界的热交换，所以时间一长，保温瓶中的水还是会逐渐变凉。

那么，到底水灌满了利于保温还是在瓶口附近留一些空气利于保温呢？

其实这取决于它们的导热能力。不同物质的导热能力与其导热系数相关。三者中，空气的导热能力最小，软木塞次之，而水的导热系数最大。所以，如果将水灌满，导热能力很强的水会将热量通过软木塞较快地传导到瓶外的空气中去，最终使瓶中的水温接近室温。

因此，要使热水瓶的保温效果更好，应在热水和瓶塞之间保持适当的空间，利用空气导热能力小的特点，隔开瓶塞与热水的直接接触，减少热能的过多损失。

扩展阅读

热量传递是由于温度差而产生的热量从高温区向低温区的转移，与动量传递、质量传递并列为三种传递过程。在自然界中，热量传递是一种普遍存在的现象。两物体间或同一物体的不同部位间，只要存在温差，就会发生热量传递，直到各处温度相同为止。在化工生产过程中，普遍遇到的物料升温、冷却或保温，都涉及热量传递。此外，在不少场合，热量传递与其他传递是同时进行的。例如在干燥操作中，热量传递与质量传递同时发生；在反应器中，动量传递、热量传递、质量传递与化学反应同时发生。

↓学校里的热水瓶

冰为什么特别滑

你在冬天玩过冰吗？你知道它为什么是滑的吗？为什么冰拿在手里不像石头那么粗糙呢？那么就让我来告诉你答案吧。

冰特别滑的原因是什么

首先我们知道，光滑的地板要比普通地板更容易滑倒。这样看来，在冰上也应该是一样了，也就是说光滑的冰应该比凹凸不平的冰更滑了。

但是，假如你曾经在凹凸不平的冰面上拖过满载重物的小雪橇，你就会相信，雪橇在这种冰面上行进，竟要比在平滑的冰面上省力得多。这就是说，不平的冰面竟比平滑的冰面更滑！其实，冰的滑主要并不因为它平滑，而是由于另外一个原因——当压强增加的时候，冰的熔点会降低。

现在仔细分析一下，当我们溜冰或者乘雪橇滑行的时候究竟发生了一些什么事情。当我们穿了溜冰鞋站在冰上的时候，用鞋底下装着的冰刀的刃口接触着冰面，我们的身体只支持在很小很小的面积上，一共也只有几平方厘米的面积，你的全部体重就压在这样大小的面积上。

比方说，现在冰的温度是－5℃，而冰刀的压力把冰刀下面的冰的熔点减低了不止5℃，那么这部分的冰就要熔化了。那时候，在冰刀的刃口和冰面之间就会产生一层薄薄的水，于是，溜冰的人就可以自由滑行了。等他的脚滑到另外一个地方时，上述情形又会发生了。总之，溜冰的人所到的地方，他的冰刀下面的冰都会变成

知识链接

在标准大气压下，在零下温度时，水便会凝结成冰，当温度降到熔点以下时，分子间的间隔变得很小，也会凝结成冰。

一层薄薄的水。

在现有各种物体当中，还只有冰具有这种性质，因此一位物理学家把冰称作"自然界唯一滑的物体"。其他的物体只是平滑，却不滑溜。

◆ 什么形状的冰更滑

那么到底是光滑的冰面更滑还是凹凸不平的冰更滑呢？我们已经知道，冰面被同一个重物压着的时候，受压面积越小，压强就越大。那么，一个溜冰的人站在平滑的冰面上，对支点所加的压强大呢，还是站在凹凸不平的冰面上所加的压强大？当然在凹凸不平的情形压强大：因为在不平的冰面上，他只支持在冰面的几个凸起点上。而冰面的压强越大，冰的熔化也越快，因此，冰也就变得更滑了。

↓溜冰

日常生活里有许多现象，也可以用冰在大压强下面熔点减低的道理来解释。例如，两块冰叠起来用力挤压，就会冻结成一块。而我们在捏雪球的时候，无意识地正是利用了这个特性，雪片在受到压力的时候，减低了它的熔点，因此有一部分熔化了，手一放开就又冻结起来。我们在滚雪球的时候，也是利用了冰的这个特性，滚在雪上的雪球因为它本身的重量使它下面的雪暂时熔化，接着又冻结起来，粘上更多的雪。

现在你当然也会明白为什么在极冷的日子，雪只能够捏成松松的雪团，而雪球也不容易滚大。人行道上的雪，经过走路的人践踏以后，也因为这个缘故，会逐渐凝结成坚实的冰，雪片冻成了一整层的冰块。

人体为何能耐热

你在多少度的时候能感觉到热呢？你知道我们能受得了多大的热吗？你有没有想过如果我们受的热超过了我们承受的范围，会有什么样的结果呢？那么，请随我来吧。

我们承受的最大温度

人类耐热的能力，比平时所想象的要强得多。地球赤道附近的各国人民能忍受住的温度，比我们住在温带的人认为无法再忍受的温度要高得多。在澳洲大陆中部，夏天的温度即使在阴凉处也常常高达46℃；最高甚至达到过55℃。轮船从红海驶入波斯湾的时候，虽然船舱里不断地通着风，但里面的温度仍然高到50℃以上。

地面上，在自然界里见到的最高温度没有超过57℃的，但北美洲加利福尼亚一个名叫"死谷"的地方，曾经测定有过这样高的温度。

刚才所说的温度都是在阴影里测量出来的。顺便解释一下，气象学家

扩展阅读

正常人腋窝温度的上限通常为37.4℃。如果发热，最高可达到42℃。但人体最高体温的极限大约是46.5℃。环境温度的极限大约是116℃。环境温度的极限是指人体置身其间尚能呼吸的温度。

↓地热温泉

为什么要在阴影里而不喜欢在阳光里测量温度。因为只有放在阴影里的温度计测出来的才是空气的温度，如果把温度计放在阳光下，太阳就会把它晒得比周围空气热得多，因而温度计上所指的度数就不再是周围空气的温度了。所以如果用放在阳光里的温度计来测温度，那是一点意义也没有。

现在，已经有人用实验方法测出了人体能够忍受的最高温度。原来在干燥的空气里，把人体周围的温度极慢极慢地增高，人不但能忍受住沸水的温度，有时候还能忍受住更高的温度。英国物理学家布拉格顿和钦特里为了实验，曾经在面包房烧热的炉子里停留过几小时，这就是证据。丁达尔也曾经指出："人即使停留在连鸡蛋和牛排都能蒸熟的房间里，还是可以安全的。"

那么，人怎样会有这样高的耐热能力呢?

与热源隔开

原来，人体实际上还保持着接近正常体温的温度，它用大量出汗的方法来抵抗高温。汗水蒸发的时候，能从紧贴皮肤那一层空气里吸取大量的热，使这层空气的温度大大减低。不过要人体能够忍受高温，唯一需要的条件是：人体不能直接接触热源，而且空气必须干燥!

许多人有过这样的经验，盛夏温度达到30℃以上，比之黄梅天温度超过20℃时反而更容易忍受。原因当然在于黄梅天的湿度高，而盛夏的湿度比较低了。

知识链接

在炎热的夏季，我们应该注意保护好心脏，及时给心脏"消暑"。患有心脑血管疾病者，锻炼身体最好不要选择在清晨进行，可选择在傍晚暑热消退后锻炼；要保障充足的睡眠时间，中午要适当休息；最理想的温度是室内外温差不要超过5℃~7℃。要多喝水，不要感到口渴了才喝水，不渴不等于不缺水；饮食清淡，少油腻，多吃一些带有苦味和酸味的食物，如苦瓜、百合、莴笋、芦笋、番茄、草莓、葡萄、山楂等。

↓多喝水

皮袄竟然是骗子

天冷了，人首先想到的是往身上添衣服，尤其是皮袄。一提到这两字，人们肯定会想到在电视里看到的在北方的冰天雪地里，猎人披着皮袄巡山打猎的情景。但是假如有人一定要你相信，说皮袄根本不会给人温暖，你要怎样表示呢？你一定会以为这个人是在跟你开玩笑。好，现在我们来看看这个玩笑对不对。

实验才有说服力

我们可以用两个实验来证明上面的结论。拿一只温度计，把温度记下来，然后把它裹在皮袄里。几小时以后，把它拿出来。你会看到，温度计上的温度连半度也没有增加：原来是多少度，现在还是多少度。这是皮袄不会给人温暖的一个证明。

另一个实验更有趣了，你甚至可以证明皮袄竟会把一个物体"冷却"。拿一盆冰裹在皮袄里，另外拿一盆冰放在桌子上。等到桌子上的冰融化完之后，打开皮袄看看，那冰几乎还没有开始融化。那么，这不就是说明皮袄不但不会把冰加热，而且还会让它继续保持冰冷，使它的融化减慢吗？

所以，皮袄确实不会给人带来温暖，不会把热送给穿皮袄的人。

事实是这样的

皮袄一点也不会给人带来温暖，它不会把自己的热传递给人，因为它不是热源，它只会阻止我们身体的热量跑到外面去。

我们知道电灯会使人温暖，炉子会使人温暖，人体会使人温暖，因为这些东西都是热源。温血动物的身体也是一个热源，人穿起皮袄来会感到温暖，正是因为它只阻止了我们身体的热量跑到外面去，却不会提供热能。至于温度计，它本身并不产生热，因此，即使把它裹

↑ 温度计

在皮袄里，它的温度也仍旧不变。冰呢，裹在皮袄里会更长久地保持它原来的低温，因为皮袄是一种不良导热体，它阻止了房间里比较暖的空气的热量传到里面去。

从这个意义上，冬天下的雪，也会跟皮袄一样地保持大地的温暖，雪花和一切粉末状的物体一样，是不良导热体，因此，它阻止热量从它所覆盖的地面上散失出去。用温度计测量有雪覆盖的土壤的温度，知道它常常要比没有雪覆盖的土壤温度高出10℃左右。雪的这种保温作用，是农民最熟悉的。

所以，对于"皮袄会给我们温暖吗"这个问题，正确的答案应该是，皮袄只会帮助我们保持自己的温暖。

如果把话说得更恰当一些，可以说是皮袄保暖，但不生暖。

扩展阅读

皮袄通常是由羊皮做的，所以又叫羊皮袄，它是用数张带毛熟羊皮缝制而成的。以腰身长短分大小皮袄，大皮袄可长至小腿，小皮袄仅及大腿。式样分对门子和掩襟子。不加布面的称"白板子皮袄"，加布面的称"吊面子皮袄"。白板子皮袄不钉扣子，而用带子系，领子也为毛羊皮；吊面子皮袄有纽扣，领子一般用狗皮、猫皮、兔皮或狐皮制作的。

↓皮袄并不会给我们温暖，只能帮助我们保持自己的温暖

不受处罚的盗窃

偷了东西还不受处罚，闻所未闻吧！聪明的你可能已经猜到，这个盗贼肯定与热有关，那到底是怎么回事呢？一起去瞧瞧吧。

❖ 从钢轨入手

有这样一个老问题："十月铁路（俄罗斯莫斯科至圣彼得堡之间的铁路）有多长？"有人这样回答："这条铁路的平均长度是640公里，夏天比冬天要长出300米。"这个出人意料的答案，并不像你想的那么不合理：假如我们把钢轨密接的长度叫作铁路长度的话，那么这条铁路的长度就真的应该是夏天比冬天长。原因很简单，钢轨受热会膨胀：温度每增高1℃，钢轨就会平均伸长原来长度的万分之一。在炎热的夏天，钢轨的温度会达到30℃～40℃，或许更高些。有时候太阳把钢轨晒得烫手，但是在冬天，钢轨会冷到—25℃或

者更低。我们就把55℃当作冬夏两季钢轨温度的差数，把铁路全长640公里乘上0.00001再乘55，就知道这条铁路要伸长1/3公里！这样看来，莫斯科和圣彼得堡之间的铁路在夏天要比冬天长出1/3公里，也就是说，大约长出了300米。

当然，事实上这儿伸长了的并不是这两个城市之间的距离，而只是各根钢轨的总长度。这两个东西并不相等，因为铁路上的钢轨并不是密接的：在每两根钢轨相接的地方，留出了一定大小的间隙，以便钢轨受热的时候有膨胀的余地。数学计算告诉我

↓ 冬天的铁轨

扩展阅读

　　由于钢铁有热胀冷缩的这种特性，在建筑设计方面万万不能忽视，否则后果严重。比如1927年12月，法国遭到连续几天的严寒袭击，巴黎市中心的塞纳河桥受到严重的破坏。桥的铁架受冷收缩，因此桥面上砌的砖突起碎裂了，桥上交通只得暂时中断了。

们，全部钢轨的总长度是在这些空隙之间增加的，在夏天很热的日子比冬天极冷的日子要伸长300米之多。

　　因此，十月铁路的钢轨长度夏天比冬天长300米。

◆◆ 仍旧是热胀冷缩

　　同样，莫斯科到圣彼得堡之间的

电讯线路，每到冬天总要有好几百米值钱的电报线和电话线遗失得无影无踪，也就是说，被偷窃了，但是并没有人为此焦急不安，因为大家都很清楚这是谁干的事情。

　　当然，你也一定知道：干这件事情的就是冬天里的严寒天气。上面说的关于钢轨的情形，对于电话线也完全适用，不同的只是，铜做的电线受热膨胀的程度比钢轨大，等于钢轨的1.5倍。要注意的是，电话线上是没有留出什么间隙的，因此我们可以毫无保留地相信，莫斯科到圣彼得堡之间的电话线，冬天要比夏天短大约500米。严寒的天气就在每个冬季偷掉了半公里长的电话线，但是并没有给电讯工作造成什么损害，等到暖和季节到来以后，它又会把"偷掉"的电线给送回来了。

↓冬天的电线

水为何能够灭火

我们经常看到消防人员举着消防水管朝火堆里喷水，你知道为什么要用水灭火吗？水对火真的那么管用吗？是不是只用水就能将火扑灭了呢？一起来看看吧。

水火难容

事实上，大家都知道水能灭火，水火难容嘛，但水灭火的具体原因你能解释清楚吗？

第一，水一触到炽热的物体，就会变成蒸汽，这时候它从炽热的物体上夺取了大量的热。从沸水转变成蒸汽所需要的热，相当于同量的冷水加热到100℃所需要的热的五倍多。

第二，这时候形成的蒸汽所占的体积要比产生它的水的体积大好几

百倍。这么多的蒸汽包围在燃烧的物体外面，就使得物体不可能和空气接触，而没有了空气，燃烧也就不能进行了。

为了加强水的灭火力量，有时候还向水里加些火药。这看来似乎太奇怪了，可是这是完全有道理的，火药很快地烧完，同时产生大量不能燃烧的气体，这些气体会把燃烧着的物体包围起来，使燃烧发生困难。

事实上，大多数情况下的火灾都可以用水解决。但是总有例外，比如说一口油锅起火了，你还能用水去灭火吗？

↓消防员灭火

灭火方法

如果油锅起火，用水去灭的话，水遇热油形成"炸锅"，会使油到处飞溅。此时不但灭不了火，反而容易使人受到伤害。保险的方法是用锅盖或大块湿布遮盖到锅上，使油火因缺氧窒息。

类似的还有家用电器、化学危险物品、古董字画等。我们经常看到在一些公共场合都设有灭火器，这些灭火器也分几种，有泡沫灭火器、干粉灭火器、二氧化碳灭火器等。灭火的基本方法有冷却法、窒息法、隔离法、抑制法等。

不管怎么样，一切灭火方法的原理都是一样的，那就是将灭火剂直接喷射到燃烧的物体上，或者将灭火剂喷洒在火源附近的物质上，使其不因火焰热辐射作用而形成新的火点。

扩展阅读

消防车，又称为救火车，是专门用作救火或其他紧急抢救用途的车辆。消防车按功能可分为泵车（抽水车）、云梯车及其他专门车辆。消防车平常驻扎在消防局内，遇有报警时由消防员驾驶其开赴现场。多数地区的消防车都是喷上鲜艳的红色（部分地区亦有鲜黄色的消防车），在车顶上设有警号及闪灯。消防车是装备各种消防器材、消防器具的各类消防车辆的总称，是目前消防部队与火灾做斗争的主要工具，是最基本的移动式消防装备。消防车的质量水平，反映出一个国家消防装备的水平，甚至体现该国整个消防事业的水平。

↓消防车

雪后为何要在马路上撒盐

冬季在寒冷的北方，下了雪以后如不及时清扫，人行车压、消融冻结，马路就会成为像镜面一样的冰道，造成交通事故，这是十分危险的。几十年前，为了避免这种情况发生，每逢雪后各单位都纷纷上马路清扫积雪，如已冻成冰块就用锹铲镐刨。后来随着经济的发展，车辆、人口越来越多，为了提高效率、减轻劳动强度，后来开始在雪面上洒上浓度很高的盐水，雪很快就融化了，雪水顺着马路边的排水口排入地下，既减轻了劳动强度，又减少了许多交通事故。那么为什么浓盐水能使雪水很快地融化呢？

为了降低冰点

原来这是由于不同的物质有着不同的结冰点。

我们知道水在1个标准大气压下0℃时开始结冰，但如果在水中掺入某些可溶性物质，比如蔗糖（即平常说的白糖）、食盐等，水的冰点就会明显降低。在水中加入食盐后变成的食盐溶液要在-20℃才会结冰。这样环卫工人用洒水车把浓盐水洒在雪面上，即使气温在零下十几摄氏度，仍可以融化，因为这时的气温仍然比盐水的结冰点要高得多。

为了环境保护

朋友们可能不知道，虽然在雪面上洒盐水能使雪很快地融化，对交通安全十分有利，但同时对路面、路基

↓环卫工人铲雪

扩展阅读

雪灾亦称白灾，是因长时间大量降雪造成大范围积雪成灾的自然现象。雪灾对畜牧业的危害，主要是积雪掩盖草场，且超过一定深度，或者雪面覆冰，形成冰壳，牲畜难以扒开雪层吃草，造成饥饿。有时冰壳还易划破羊和马的蹄腕，造成冻伤，致使牲畜瘦弱，常常造成牧畜流产，仔畜成活率低，老弱幼畜饥寒交迫，死亡增多。雪灾还严重影响甚至破坏交通、通讯、输电线路等生命线工程，对人们的生命安全和生活造成威胁。雪灾主要发生在稳定积雪地区和不稳定积雪山区，偶尔出现在瞬时积雪地区。中国雪灾主要发生在内蒙古草原、西北和青藏高原的部分地区。

和环境的破坏也很严重。

大量的盐水排入地下，首先，使地表水受到严重的污染，这将直接影响饮用水的质量；其次，大量的浓盐水排入地下，使土壤中盐的浓度大大增加，根据科学家的测算每年撒盐后土壤中盐的浓度剧增，而靠土壤、树木和草地的新陈代谢及自身恢复把盐浓度降到原来的水平需要五六十年的时间。土壤中盐浓度剧增对生长的树木、草地、花卉都极为有害；再次，大量的盐水顺着沥青路面裂缝渗入路基，对路面的破坏非常严重，致使大片路面龟裂、软化、断裂。

由于这些原因以及全社会环保意识的增强，近几年人们又开始减少往雪地上撒盐的做法。其实，下雪后最好的办法是利用人力或机械扫雪，堆在马路两边的树下和花丛下，这样一举两得，既保护了环境，又节省了开支。

知识链接

冰点又叫凝固点，凝固点是在一定非固体物质、一定压力下，变为固态，故称之为凝固点。

水在0℃结冰，叫作冰点。海水的凝固点是一个不确定的温度，因为海水中含有大量的盐，所以海水凝固点的变化与海水盐度和密度有密切的关系。当盐度达到24.695‰的时候，海水最大密度值的温度和冰点的温度一样，都是-1.332℃。乙二醇的含量为68%时，冰点可降低至-68℃。超过这个极限时，凝固点反而要上升。

↓环卫工人铲雪

刮风为何让人感觉更冷

大家都知道，人在没有风的天气里比在有风的天气里感到更暖和。如果把温度计放在风里，它的水银柱是一点也不会下降的。人在有风的天气里为什么会感到更冷呢？

↑ 刮风

与散热速度有关

这种现象的产生有这样几个原因。首先是由于在有风的时候，从脸部散掉的热要比在没有风的时候多得多。在没有风的时候，被身体暖和了的空气并不会很快被新的冷空气所替代。而在有风的天气时，风力越强，每一分钟同皮肤接触的空气也越多。因此，每一分钟从我们身体上散掉的热量也越多。单是这一点，已经足够引起冷的感觉了。

还有另外一个原因，我们的皮肤经常蒸发水分，即使在冷空气里也是这样。可是蒸发需要热量，因此水分

就夺取我们身体上和从贴在我们身体上的那层空气里的热量。如果空气不动，蒸发就进行得很慢，因为贴在皮肤上的空气层很快就饱和了水蒸气。可是一旦空气流动起来，贴在皮肤上的空气经常更换，那么蒸发就常常进行得很顺利，而这也就会大量地消耗从我们身体里夺取的热。

因此，人在有风的时候，往往感到更冷一些。

南极不仅是世界上最冷的地方，也是世界上风力最大的地区。那里平均每年8级以上的大风有300天，年平均风速为19.4米/秒。1972年，澳大利亚莫森站观测到的最大风速为82米/秒。法国迪尔维尔站曾观测到风速达100米/秒的飓风，这相当于12级台风的3倍，是迄今世界上记录到的最大风速。

风速也影响温度

既然风影响了人体的散热，那么风对人体的冷却作用有多大呢？这还要看风的速度和空气的温度而定。

一般说来，它比人们所想的要大得多。现在举例说明这一点。假定空气的温度是4℃，但是一点风也没有。在这样的条件下，我们皮肤的温度是31℃。如果现在吹来了一阵刚能吹动旗子但还不能吹动树叶的微风，那么我们皮肤上的温度就要下降7℃。在能使旗子飘扬的风里，皮肤的温度要下降22℃，结果就只剩9℃了。

总之，要判断我们所感到的冷，单凭温度是不够的，还应当注意风的速度。圣彼得堡和莫斯科的寒冷程度是相同的，但是一般莫斯科人会比圣彼得堡人觉得好受些，因为在波罗的

海沿岸的平均风速是每秒5～6米，而在莫斯科的平均风速每秒只有4.5米。在外贝加尔区平均风速只有每秒1.3米，所以那里的寒冷使人更能忍受。东西伯利亚的寒冷是出名的，但是它并不像住在欧洲吹惯了比较大的风的人所想象的那样难受，原来东西伯利亚差不多是完全没有风的，特别是在冬季。

电风扇转动使空气产生运动，就变成了风。流动的空气使人身上的水分蒸发，并带走了热量，所以你感觉凉快。在一个密闭房间里开着风扇，如风不吹在你身上，你一点感觉都没有，因为室温一点都不会下降。

电扇吹出风→

铁摸起来为何要比木头凉

我们都有过这样的体验，在冬天我们用手去摸铁和木头，会感觉到铁制物品比木制物品冷得多。为什么会产生这样的感觉呢？你可能会说这是因为它们的温度不同。果真如此吗？

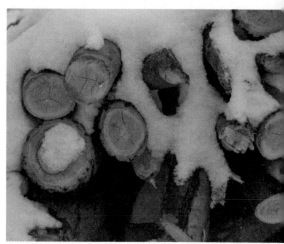

↑冬天里的木头

与导热系数有关

先让我们用温度计来测量一下铁制物品和木制物品的温度，温度计的读数告诉我们，二者的温度完全相同！也就是说与温度无关，那与什么有关呢？

原来，这是因为铁传热比木头要快得多，物体传热能力的高低与这种物质的导热系数有关，导热系数高的物质传热快，导热系数低的物质传热慢。铁比木头的导热系数高，所以，铁传热的速度要比木头传热的速度快得多。

扩展阅读

导热系数是指在稳定传热条件下，1米厚的材料，两侧表面的温差为1℃，在1秒内，通过1平方米面积传递的热量，用λ表示，单位为瓦/米·度（W/m·K，此处的K可用℃代替）。传热系数与材料的组成结构、密度、含水率、温度等因素有关。非晶体结构、密度较低的材料，导热系数较小；材料的含水率、温度较低时，导热系数较小。

冬天，我们摸铁制物品时，由于铁的传热能力强，我们手上的热量很快就传到铁制物品上了；而摸木制品时，由于木头的传热能力差，手上的热量传得慢。所以，我们会感觉铁比木头冷得多。

与比热容有关

除了与导热能力有关外，这种情况还与物体的比热容有关。比热容越大，吸收相同热量的温度改变越小，所以导热也就越慢；反过来，比热容越小，吸收相同热量的温度改变也就越大，导热也就越快。木头导热不如铁快，由此可知，木头比热容更大。

在夏天，因为铁比热容小，传热快，所以铁制物品的温度很快会传导到手上，而木头由于导热系数小，比热容大，所以在夏天时会感觉温度没有铁的温度上升快。

知识链接

比热容是单位质量的某种物质升高单位温度所需的热量。其国际单位制中的单位是焦耳每千克开尔文（J/kg·K或J/kg·℃，J是指焦耳，K是指热力学温标，与摄氏度℃相等），即令1千克的物质的温度上升1℃所需的能量。

↓ 冬天里的铁栅栏

窗玻璃为何会结冰花

寒冷的早晨一觉醒来，拉开窗帘，你会发现，在玻璃窗上结满了美丽的窗花——冰凝结在窗上形成的冰花。冰花的形状各式各样，有的像山花，有的像松枝，有的像树叶，也有的像孔雀羽毛……这真是大自然鬼斧神工的杰作。那么，冰花到底是怎样形成的呢？

原来都怕冷

实际上，冰花与冰块、雪花一样，都是水受冷后（0℃以下）结成的冰晶，这种冰晶是六角形的，通俗地讲它们都是因为冷而形成的。

结在水里的冰，因为水分子比较致密，在结冰时，冰晶相互缠结在一起，就形成一大片一大片的冰了。我们无法看出冰晶是六角形的，但是我们仔细观察雪花，就会发现雪花其实是呈六角形的，因为雪是由水蒸气凝结而成的，水蒸气分子比较稀疏，在

凝结时，又没有受到外界不均衡的压力，冰晶便以其特有的角度构成了雪的外形，也就是六角形。

不均匀也是美

既然雪是六角形，那窗户上的冰花为什么各式各样呢？

事实上，窗上的冰花是由室内的湿热空气在寒冷的窗上凝结而成的

↓窗上的冰花

扩展阅读

玻璃是一种较为透明的固体物质，在熔融时形成连续网络结构，冷却过程中黏度逐渐增大并硬化而不结晶的硅酸盐类非金属材料。组成普通玻璃的化学氧化物，主要成分是二氧化硅，广泛应用于建筑物，用来隔风透光，属于混合物。

玻璃最初由火山喷出的酸性岩凝固而得。约公元前3700年前，古埃及人已制出玻璃装饰品和简单玻璃器皿，当时只有有色玻璃。公元12世纪，出现了商品玻璃，并开始成为工业材料。18世纪，为适应研制望远镜的需要，制出了光学玻璃。1873年，比利时首先制出平板玻璃。此后，随着玻璃生产的工业化和规模化，各种用途和各种性能的玻璃相继问世。如今，玻璃已成为日常生活、生产和科学技术领域的重要材料。

冰晶，它原本也是六角形的。但由于窗玻璃有的地方较洁净，有的地方有污垢，有时候温度稍高，有时候温度较低，也就是说窗玻璃受到外界因素干扰，并不是均匀的。因此水蒸气碰到玻璃的时候，有的地方水蒸气积得多一些，有的地方积得少一些。当冰晶向四周蔓延的时候，遇到水蒸气聚积多的地方，冰就结得厚一些，遇到水蒸气聚积少的地方，冰就结得薄一些。在冰特别薄的地方，遇到一点点热或压力，又会立即融化，这样便形成了各式各样的冰花。

知识链接

雪花多呈六角形，花样之所以繁多，是因为冰的分子以六角形居多。对于六角形片状冰晶来说，由于它的面上、边上和角上各种雪花形状的曲率不同，相应地具有不同的饱和水汽压，其中角上的饱和水汽压最大，边上次之，平面上最小。在实有水汽压相同的情况下，由于冰晶各部分饱和水汽压不同，其凝华增长的情况也不相同。例如当实有水汽压仅大于平面的饱和水汽压时，水汽只在面上凝华，形成的是柱状雪花。当实有水汽压大于边上的饱和水汽压时，边上和面上都会发生凝华。由于凝华的速度还与曲率有关，曲率大的地方凝华较快，故在冰晶边上凝华比面上快，多形成片状雪花。当实有水汽压大于角上的饱和水汽压时，虽然面上、边上、角上都有水汽凝华，但尖角处位置突出。水汽供应最充分，凝华增长得最快，故多形成枝状或星状雪花。再加上冰晶不停地运动，它所处的温度和湿度条件也不断变化，这样就使得冰晶各部分增长的速度不一致，从而形成多种多样的雪花。

神奇的世界

第七章

水和空气——生命中的根本

　　液体和气体是物质的两个态，都可以流动和变形；液体有体积，而气体则不定。对生命最重要的是水和氧气，我们的血液可以流转全身，我们可以喝水，可以呼吸含氧的空气。如果没有它们，地球将不会存在任何生物，水和空气是生命之根本。本章将通过日常生活的所见所闻来认识它们的奇妙之处。

有趣的肥皂泡

你会吹肥皂泡吗？这件事情并不像你想象的那么简单。物理学家说过："试着吹出一个小小的肥皂泡来，仔细去看它，你简直可以终身研究它，不断地从这儿学到许多物理学的知识。"的确，要想吹出又大又漂亮的肥皂泡，的确是一种艺术，是需要好好练习的。那么下面就让我们来吹泡泡吧。

肥皂泡里的花朵

拿一些肥皂液倒在一只大盘里或者茶具托盘里，倒到大约2～3毫米厚的一层；在盘子中心放一朵花或者一只小花瓶，用一只玻璃漏斗把它盖住。然后缓缓把漏斗揭开，用一根细管向里面吹去，好，一个肥皂泡吹出来了；等到这个肥皂泡达到相当大小以后，把漏斗倾斜，让肥皂泡从漏斗底下露出来。于是，那朵花或者那只小花瓶就给罩在一个由肥皂薄膜做成

的、闪耀着各种虹彩的透明半圆罩子底下了。

如果手头有一个小型的石膏人像，也可以用来代替方才的花或者花瓶。这应该先在石膏人像头上滴一点肥皂液，等到大肥皂泡吹成以后，把管子透过大肥皂泡沫伸进去，把人像头上的小肥皂泡也吹起来。于是，人像就包在五颜六色的肥皂泡里了。

↓肥皂泡的张力很大

事实上，肥皂泡薄膜面上诱人的色彩，使物理学家可以量出光波的波长，而研究娇嫩的薄膜的张力，又有助于关于分子力作用定律的研究。这种分子力就是内聚力，把吹有肥皂泡的漏斗口放近蜡烛火焰的话，可以看到这样薄的薄膜的力量并不算小，火焰会显著地向一边倾斜开去。如果没有内聚力，世界上就会除了最微细的微尘之外什么也没有了。

肥皂泡也会长寿

肥皂泡还有一个有趣的现象：你把它从温暖的房间带到比较冷的地方，它就会缩小体积。相反地，如果把肥皂泡从冷的地方带到热的地方，它的体积就会胀大。原因当然是肥皂泡里空气的热胀冷缩。假如在－15℃，这个肥皂泡的体积是1000立方厘米，那么，当它走进温度是15℃的房间里，体积应该增加110立方厘米。

我们还应该指出，一般人认为肥皂泡的"寿命"太短，这一点，并不完全正确：如果给它适当的照顾，可以使肥皂泡保存几十天。英国物理学家杜瓦把肥皂泡保存在特制的瓶子里，排除尘埃，防止干燥和空气的振荡，可以把肥皂泡保存到一个月甚至更长的时间。有人把肥皂泡保存在玻璃罩下面，一直保存了好几年。

漂浮的肥皂泡→

扩展阅读

美国人汤姆·诺迪从事一种奇怪的职业——吹肥皂泡。他能吹出成串的泡泡，还能让一个泡泡套着一个泡泡，甚至能把烟吹入泡泡里，来突出泡泡的形状。他在世界的每个角落都进行过表演，经常有一些数学家来看他的表演。1982年，汤姆希望设立一个肥皂泡节日的建议得到了旧金山科学实验中心的热情支持。第一个肥皂泡节吸引了15000名爱好者参加。现在，肥皂泡展览在世界各地的科学探索中心定期举行。2007年在英国伦敦博物馆，被称为"泡泡人"的SAMSAM，用一个巨大的肥皂泡将50个学生罩了起来，打破了一个泡泡容纳最多人的吉尼斯世界纪录，之前的一个世界纪录是一个泡泡容纳42个人。

淹不死人的海

大家去过海里游泳吧？一般情况下，我们在海水里静止不动的话都会下沉，但是，有一种海是淹不死人的，到底是什么样的海呢？来，我们看看。

死海淹不死

1900多年前，罗马帝国军队统帅狄杜带着军队来到死海附近。他命令士兵把几个被处以死刑的奴隶捆绑起来，投入死海。令狄杜惊讶的是，这几个被捆的奴隶活生生地被波浪推回了岸边。他再一次命令士兵把他们扔入海中，可是不久，被投到海中的奴隶又奇迹般地漂了回来。狄杜以为上帝在保佑他们，就把他们放了。上帝当然不存在，可你知道这些奴隶们淹不死的秘密吗？

我们都知道人的密度一般在1.021～1.097克，而一般海水的密度为1.02～1.03克，含盐量一般为2%～3%。

可是死海却非同寻常，由于巴勒斯坦地区炎热干燥，海平面上的水剧烈蒸发，使死海的水越来越少，而含盐量越来越大，盐的浓度竟超过27%，它的密度接近1.2。由于人体的密度比它轻得多，所以人就不会沉下去了。因此在死海里游泳是一件轻松、有趣的事情。

中国死海

中国四川省天英县也有一个"死海"，它是一个形成于1.5亿年前的地下古盐湖，海水盐卤资源的储量十分丰富，已探明的储量就高达42亿吨，以氯化盐为主，海水含盐量超过了22%，类似中东的"死海"，人在水中可以轻松地漂浮不沉，故誉为"中国死海"。

湖水出口水温为87℃，富含钠、钾、钙、碘等40多种矿物质和微量元素，经国家权威机构验证，对风湿关节炎、皮肤病、肥胖症等具有显著的疗效。据联合国教科文组织有关研究数据显示，人在死海中漂浮一小时，可以达到八小时睡眠的功效。

此外，山西也有一处死海，就是运城盐湖。

运城盐湖位于山西省西南部运城以南，中条山北麓，是山西省最大的湖泊，世界第三大硫酸钠型内陆湖泊，面积为132平方公里。以色列死海黑泥以氯化物为主，而运城盐湖黑泥以硫酸盐为主，两者都富含有益于人体的矿物质元素，且均在同一数量级上，对人体的健康作用"异湖同功"。运城盐湖除了拥有死海的神奇之外，还是一个充满生机的地方。它地处运城盆地最低处，为一典型的闭流内陆湖泊。死海由于含盐量大，造成氧气相当缺乏，致使各种生物根本无法生存，而运城盐湖水草丰富，芦苇匝岸，鸟语花香，一派生机盎然的景象。

↓死海日落景象

浮选中妙用泡沫

你见过泡沫吗？除了知道泡沫能在水上漂，你还知道其他一些知识吗？什么是浮沫选矿法？那么，就随我深入地了解一下吧。

很有意思的泡沫

泡沫，是聚在一起的许多小泡，由不溶性气体分散在液体或熔融固体中所形成的分散物系。泡沫的形成非常简单，只要向起泡剂（表面活性剂或高分子化合物）溶液中通入气体，在溶液表面即有泡沫生成。泡沫形成后，气泡壁间夹带上来的液体在重力作用下向下流失，液膜逐渐变薄，气泡互相接近而变形。泡沫在选矿上有着广泛应用，逐渐形成浮沫选矿法。

浮沫选矿法也叫浮选，是根据矿物颗粒表面物理化学性质的不同，从矿石中分离有用矿物的技术方法。浮沫选矿法的实际情形是这样的：把轧得很碎的矿石装到一只槽里，槽里盛水和油。这油有一种特性，能够在有用矿物的粒子外面包起一层薄膜，使粒子不沾水。通入空气把这混合物强烈搅动，就产生许多极小的气泡——就是泡沫。包有薄油膜的有用矿物的粒子一旦跟空气泡的膜接触，就会连在气泡上，随着气泡升起，这就跟大气里的气球把吊篮升起一样。至于没有油膜的粒子，却不会附到气泡上，仍旧留在液体里。

应该注意，空气泡的总体积要比那些有用矿物的粒子的总体积多许

浮选泡沫→

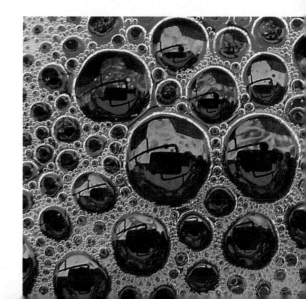

多，因此气泡是能够把这些固态的矿屑带到上面去的。结果，有用矿物的粒子几乎全部附着到泡沫上，浮到液体的表面来。把这层泡沫刮下来去继续处理，这里所含的有用矿物就比原始矿石所含的丰富几十倍了。

浮选技术的发展

中国古代利用矿物表面的天然疏水性来净化朱砂、滑石等矿质药物，使矿物细粉飘浮于水面，而与下沉的脉石分开。淘洗砂金时，将羽毛蘸油粘捕亲油疏水的金、银细粒的方法，称为鹅毛刮金，迄今仍有应用。

在古希腊和欧洲，也有用油和沥青收集矿物的证据。18世纪，人们已经知道气体粘附固体粒子上升至水面的现象；19世纪时，人们就曾用气化（煮沸矿浆）或加酸与碳酸盐矿物反应产生的气泡浮选石墨。19世纪末期，由于对金属的需求量不断增加，能用重选处理的粗粒铅、锌、铜硫化矿的资源逐渐减少，在澳大利亚、美国及一些欧洲国家开始用浮选选别细粒矿石，为冶炼提供精矿。

到20世纪初，人们开始应用泡沫浮选法，按矿粒对水中气泡亲和程度不同进行选别。1925年使用以黄药为代表的合成浮选药剂，药剂用量由全油浮选时为矿石量的1%～10%降至矿石量的万分之几，使浮选得到了重大发展，并广泛应用于工业生产。

在今天，浮沫选矿法在技术上的研究已经进步到很高的水平，只要选择适当的液体，可以从任意成分的矿石里把每一种有用的矿物都提出来。

知识链接

黑色金属矿石常用的选矿方法可分为单一和联合两类。单一方法主要有磁选（弱磁选、强磁选）、磁化焙烧磁选、重选、浮选和电选等。联合方法按各种方法联结方式的不同，分串联和并联两种。前者是不同方法串联使用，以回收不同的有用成分；后者是不同方法并联使用，分别处理矿石的不同粒级。

↓铅锌铜银矿

免费的永动时钟

　　想必大家都知道有一种人们理想中的机器叫"永动机"吧？现在我再来谈谈一种"不花钱"的动力机，所谓"不花钱"的动力机，就是不要人照顾，却能够长时期工作的机械，这种机械所需要的动能是从四周的自然环境里得到的。

利用大气压造钟

　　大家大概见过气压计吧。气压计有两种，水银气压计和金属气压计。在水银气压计里，水银柱的上端随时跟着大气压力的变化升起或降下；在金属气压计里，在大气压力变化的时候，指针会跟着摆动。

　　在18世纪，有一位发明家利用气压计的这种运动来发动时钟的机械，他造出一座时钟，能够不借助外力就能让钟自动地走起来，而且可以不停地走着。当时，英国知名的机械师和天文学家弗格森看到这个有趣的发明

以后，曾经这样评价："我仔细观察了上面说的那只时钟，它是由一个特别装置的气压计里的水银柱升降带动的；我们没有理由可以相信这只钟会在什么时候停下来，因为贮藏在这只时钟里的动力，即使把气压计完全拿走，也已经可以维持这只钟走一年之久。我应该坦率地说，根据我对于这只时钟的详细的考察，无论在设计上或者制造上，它的确是我见过的机械里最精巧的一种。"

知识链接

　　古人凭天空颜色的变化、太阳的光度来判断时间。古埃及人发现影子长度会随时间改变，因而发明日晷。他们还发现水的流动需要的时间是固定的，因此发明了水钟。古代中国人也有以水来计时的工具——铜壶滴漏，还会用烧香计时，将香横放，上面放上连有钢珠的绳子，有报时功能。

可惜这座时钟没有能够保留到今天，它被人抢走了，现在藏在什么地方也没有人知道。不过那位天文学家所绘的构造图留了下来，因此还有可能把它重新制出来。

构思巧妙的永动机

在这只时钟的构造里，有一只大型的水银气压计。盛水银的玻璃壶挂在一个框架上，一只长颈瓶倒插在这个玻璃壶里，在玻璃壶和长颈瓶里一共装了150千克水银。玻璃壶和长颈瓶是活动的，可以移上或移下。当大气压力增加的时候，一组巧妙的杠杆会把长颈瓶移下，玻璃壶移上；气压减低的时候，长颈瓶会移上，玻璃壶会移下。这两种运动会使一只小巧的齿轮总是向一个方向转。只有大气压力完全不变的时候，这个齿轮才完全静止不动——但是在静止的时候，时钟仍旧会由事先提升上去的重锤落下的能量继续带动。

要使重锤能够提升上去而又要靠它的落下来带动机械，是不容易做到的，但是那个时候的钟表匠却很有发明能力，把这个问题解决了。气压变动的能量太大，超过了需要，使得重锤提升上去比落下来更快；因此得有一个特别的装置，等到重锤提升到不能再高的时候，会让它自由地落下去。

这种或者类似的"不花钱"的动力机，跟所谓"永动机"有重大的、原则性的区别，这个区别不难看出。在"不花钱"的动力机里，动力不是像永动机的发明家所想的那样"无中生有"，它们的动能是从机械外面得到的，在我们这个例子里就是从四周的大气得到的，而大气是从太阳光得到这些能量的。"不花钱"的动力机实际上是跟真正"永动机"一样经济的，只是这种机器的制造成本跟它所得到的能量相比太贵了些。

扩展阅读

不消耗能量而能永远对外做功的机器，它违反了能量守恒定律，故称为"第一类永动机"。在没有温度差的情况下，从自然界中的海水或空气中不断吸取热量，而使之连续地转变为机械能的机器，它违反了热力学第二定律，故称为"第二类永动机"。

↓永动机目前还只是人类的设想，一些时钟内部的机械动力机与"永动机"有很大的区别

水里取物如何不湿手

这是个有趣的题目，想想看，从水里拿东西却不湿手，听起来不可思议，你可能会说戴上手套或是用钩子，不！必须用手！那怎么办得到呢？先看一个实验。

有趣的实验

把一枚硬币放在平底的大盘里，倒上清水，把硬币淹没，然后，请你用手把硬币拿出，却不许把手沾湿。这个要求好像根本不可能做到，那么先按照我说的来做吧。

准备一只玻璃杯和一张纸，先把纸燃着，放到杯子里，并快速将杯子倒转，盖在硬币附近的盘上。等纸烧完，杯子里也充满了白烟，不用管它，过一会儿，你就会看到盘里的水竟自动流到杯里去了。这时候，那个硬币当然还留在盘上，只要少许等一会儿，等它干了，就可以把它拿出

来，而你的手就可以不沾一点水！

很有趣吧，那么，是什么力量把水赶到杯子里去的呢？又是什么力量使它支持在某一个高度而不落下来呢？

竟然是压力

这是空气的压力。没错，这股力量就是空气的压力！

↓火罐疗法也是利用空气的压力

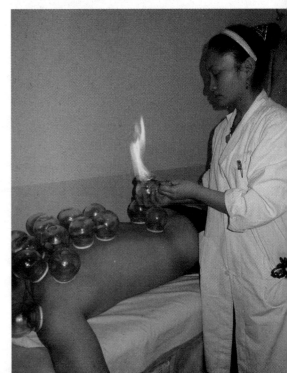

知识链接

地球表面覆盖有一层厚厚的由空气组成的大气层。在大气层中的物体，都要受到空气分子撞击产生的压力。也可以说，大气压力是大气层中的物体受大气层自身重力产生的作用于物体上的压力。

由于地心引力作用，距地球表面近的地方，地球吸引力大，空气分子的密集程度高，撞击到物体表面的频率高，由此产生的大气压力就大。距地球表面远的地方，地球吸引力小，空气分子的密集程度低，撞击到物体表面的频率也低，由此产生的大气压力就小。因此在地球上不同高度的大气压力是不同的，位置越高大气压力越小。此外，空气的温度和湿度对大气压力也有影响。在物理学中，把纬度为45°海平面（即海拔高度为零）上的常年平均大气压力规定为1个标准大气压，此标准大气压为一定值。

燃着的纸烧热了杯里的空气，空气的压力增加了，就把一部分空气排了出去。等纸片烧完以后，杯里的空气又冷了下来，压力也跟着减低了，这时外面空气的压力就把盘里的水赶进杯子里去了。同样不用纸片，拿两根火柴插在一只软木塞上点着放到杯子里，也可以得到相同结果。

但是，我们时常听到甚至读到一些关于这个实验的不正确的解释。说什么纸片燃着后，"烧去了杯里的氧气"，因此杯里的气体减少了。这种解释是完全不正确的。杯子吸水的主要原因是由于空气的受热导致压力变化，而完全不是什么纸片烧去了一部分氧气。这一点的证明就是，第一，这个实验可以完全不用燃烧纸片，只要把杯子在沸水里烫过也可以；第二，假如用浸透酒精的棉花球来代替纸片，那么，因为它可以燃烧得更久，把空气烧得更热，水也就几乎可以升到杯子的一半，但是，大家都知道空气里的氧只占总体积的五分之一呀，按"烧去氧气"这种说法，水最多只能升到杯子的五分之一，而不可能是一半；最后，还有一点可以提出，就是"烧去"了氧会生出二氧化碳和水汽，它们会占据氧的位置。

扩展阅读

氧气是空气的组分之一，无色、无臭、无味。氧气比空气重，在标准状况下密度为1.429克/升，能溶于水，但溶解度很小。在压强为101千帕时，氧气在约-180℃时变为淡蓝色液体，在约-218℃时变成雪花状的淡蓝色固体。

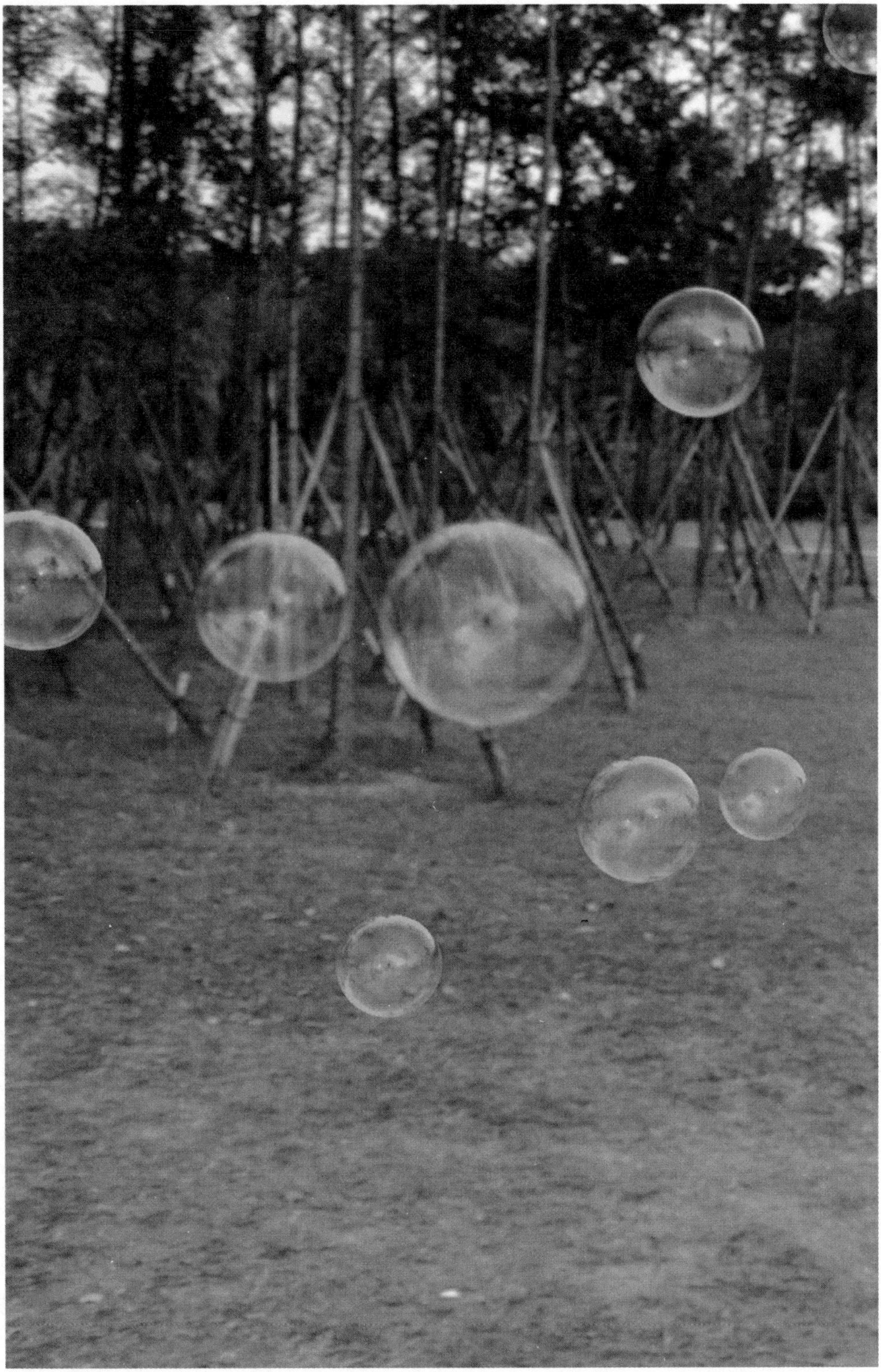

第八章

电——自然与人类智慧的结晶

它存在于每一个电源插座中，它让灯泡发光，让我们的计算机、电视机、洗衣机和冰箱日夜运行。它是一种自然现象，也是一种社会现象，它是一种能量。我们的现代文明，以及我们的大多数技术装备，都是以电力为基础的。每一次电力故障，都会让我们清楚地意识到电是多么重要。本章将通过日常生活现象来认识和剖析电。

雷雨中放风筝

提起富兰克林，很多人会想到他那个著名的雨中放风筝的实验，那么，富兰克林为什么要在雨中放风筝呢？他对避雷针的发明有什么样的贡献呢？

电学的开山鼻祖

1752年6月的一天，美国费城郊区，乌云密布，电闪雷鸣，在一块宽阔的草地上，有一老一少两个人正兴致勃勃地在那里放风筝。突然，一道闪电劈开云层，在天空划了一个"之"字，接着嘎嘣一声脆雷，那如铜钱般的雨点就瓢洒盆泼般地倾下来了。只见老者大声喊道："威廉，站到那边的草房里去，拉紧风筝线。"

这时，闪电一道亮过一道，雷鸣一声高过一声。突然，威廉大叫："爸爸，快看！"老者顺着儿子指的方向一看，只见那拉紧的麻绳，本来是光溜溜的，突然怒发冲冠，那些细纤维一根一根都直竖起来了。他高兴地喊

道："天电引来了！"他一边嘱咐儿子小心，一边用手慢慢接近接在麻绳上的那把铜钥匙。突然他像被谁推了一把似的，跌倒在地上，浑身发麻。他顾不得疼痛，一骨碌从地上爬起来，将带来的莱顿瓶接在铜钥匙上。

这莱顿瓶里果然有了电，而且还放出了电火花，原来天电和地电是一个样子！他和儿子如获至宝一般将莱顿瓶抱回了家。这捕获天电的人就是富兰克林和他的儿子威廉。

富兰克林1706年生于美国，他不仅是一位杰出的政治家和外交家，是《独立宣言》的发起人之一，是美国第一任驻外大使，他还是一位伟大的科学家，一生中具有许多发明，而且是电学的开山鼻祖。

↓雷雨交加

风筝实验之后，富兰克林写了一篇《论闪电和电气的相同》的论文，阐述了雷电的本质，还提出了制造避雷针的设想，使建筑物免遭雷击。

然而，当他的论文在英国皇家学会上宣读的时候，有人却报之以轻蔑和嘲讽，但是，科学终究会战胜愚昧和无知，1756年，英国皇家学会授予富兰克林皇家学会正式会员的称号。

避雷针形状的争论

富兰克林根据自己的理论发明了避雷针，一下子风靡一时，传到英国、法国、德国，传遍欧洲和美洲。但是传到英国却发生了一段离奇的故事。1772年，英国成立了讨论火药仓库免遭雷击对策委员会，富兰克林被任命为委员。在对避雷针顶端的形状是尖的还是圆形的好，人们发生了争执。

有人想当然地认为圆头的好，但是富兰克林力排众议，坚持用尖头避雷针，最后终于被采纳了，于是，所有的避雷针都做成了尖头避雷针。然而四年之后，美国独立战争爆发，13个北美殖民地联合起来反对英国殖民主义，富兰克林当然站在前列。这事惹恼了英国国王乔治三世。

由于英国跟美国远隔重洋，英国国王鞭长莫及，一气之下，传令将宫殿和弹药仓库上的所有尖头避雷针一律换成圆头的，并召见皇家学会会长约翰·普林格尔，要他宣布圆头避雷针比尖头避雷针更安全。普林格尔一听惊讶万分，正直的科学良心使他义正词严地拒绝了国王的要求："陛下，许多事情都可以按您的愿望去办，但不能做违背自然规律的事呀！"普林格尔虽然被撤职了，但避雷针始终还是尖头的。

那么，为什么尖头避雷针更好呢？这得从导体的形状与其表面电荷分布的关系说起。在导体表面弯曲得厉害的地方，例如在凸起的尖端处，电荷密度较大，附近的空间电场较强，原来不导电的空气被电离变成导体，从而出现尖端放电现象。夜间看到高压电线周围笼罩着一层绿色的光晕，就是一种微弱的尖端放电。

雷电是一种大规模的火花放电现象。当两片带异种电荷云块接近或带电云块接近地面的时候，由于电压极高，极容易产生火花放电。放电时，电流可达2万安培，电流通过的地方温度可达30000℃。一旦这种放电在云和建筑物或其他东西之间形成，就很可能会发生雷击事件。

如果在高层建筑物上安装避雷针，一旦在建筑物的上空遇上带电雷雨云，避雷针的尖端就会产生尖端放电，避免了雷雨云和建筑物之间的强烈火花放电，因而达到避雷的目的。如果把避雷针的顶端做成圆形，就不会出现尖端放电，避雷的效果就远不及尖顶形避雷针了。

屋子里的喷泉

大家都见过喷泉吧？那喷泉是怎么喷出水的呢？我们能不能在自己屋里做一个小喷泉呢？

最有意义的喷泉

事实上，如果想在屋子里做一个小喷泉，那是很容易的。只要拿一根橡皮管，把它的一头浸在水桶里，放在高处；或是把橡皮管套在自来水龙头上。不过管的出口一定要很小，使喷泉的水分裂成许多股细流。

为了达到这个目的，最简单的方法是把一根抽掉了铅心的铅笔杆插在橡皮管喷水的一头上。如果要更方便，还可以在这一头上套一个倒转的漏斗。如果想使喷泉的高度达到半米，并且让水流笔直向上，那么可以将用绒布擦过的火漆棒或硬橡胶梳子移近喷泉。你立刻会看到一种相当奇怪的情景，喷泉的下降部分的那几股

水，会合成一大股水。这股水落在放在下面的盘底上，会发出相当大的声音，和雷雨所特有的噪声一样。

关于这一点，物理学家波艾斯曾经说过这样一句话："雷雨里的雨滴会变得那样大，毫无疑问正是这个原因。"你如果把火漆棒移走，喷泉立刻就又变成许多股细流，而那个雷雨所特有的噪声，也变成细流的柔和声了。

扩展阅读

喷泉景观概括来说可以分为两大类：一是因地制宜，根据现场地形结构，仿照天然水景制作而成，如壁泉、涌泉、雾泉、管流、溪流、瀑布、水帘、跌水、水涛、漩涡等；二是完全依靠喷泉设备人工造景。这类水景近年来在建筑领域广泛应用，发展速度很快，种类繁多，有音乐喷泉、程控喷泉、摆动喷泉、跑动喷泉、光亮喷泉、游乐喷泉、超高喷泉、激光水幕电影等。

知识链接

皮带轮，属于盘毂类零件，一般相对尺寸比较大，制造工艺上一般以铸造、锻造为主。一般尺寸较大的设计采用铸造的方法，材料一般都是铸铁，很少用铸钢；一般尺寸较小的，可以设计为锻造，材料为钢。皮带轮主要用于远距离传送动力的场合，例如小型柴油机动力的输出，农用车、拖拉机、汽车、矿山机械、机械加工设备、纺织机械、包装机械、车床、锻床、一些小马力摩托车动力的传动、农业机械动力的传送、空压机、减速器、减速机、发电机、轧花机等。

在不知道内情的人面前，你可以像魔术师使用"魔棒"那样，来使用这根火漆棒。那么，这个内情到底是什么呢？

电与水的友情

火漆棒对于喷泉的作用，可以这样来解释，水滴会因感应而生电，面向火漆棒那一部分水滴会因感应而生阳电，相反方面的那些水滴会生阴电。这样一来，水滴里电荷不同的部分靠近在一起，它们要互相吸引，就使水滴合并起来了。

电对水流的作用，还可以用更简单的方法看到，你如果把一个刚梳过头发的硬橡胶梳子拿到自来水的一股细流附近，这时候水流会变得很密实，并且会明显地向梳子的方向弯过去，形成急剧的偏向。解释这种现象比解释前一种要复杂些，它于电荷作用下的表面张力的改变有关。

顺便说明一下，传动皮带在皮带盘上转动的时候之所以会起电，也可以用摩擦容易生电来解释。这样产生的电火花在某些生产部门有引起火灾的危险。避免的方法是在传动皮带上镀银，因为有了薄薄的一层银以后，传动皮带就成了导电体，于是电荷就不能在上面积蓄起来了。

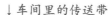
↓车间里的传送带

奇怪的永电体

通常我们只听说过永磁体，极少听到永电体。天然磁石就是一种天然永磁体，磁石召铁早就为我国古代劳动人民用于生活中。那永电体是什么呢？

秦始皇的磁屋

相传，秦始皇统一中国后，大量搜刮民脂民膏，以此来满足他个人穷奢极欲的生活，人民纷纷反抗，经常有人想刺杀他。为防备刺客，他造了一幢很大的房子，不同的是，这栋房子的大门是用磁铁打造的，因此凡想带刀刺杀他的人，在进大门时，刀就会被大门吸去。姑且不谈它的真实性如何，但我们祖先发明的指南针却是有据可查的。

到了19世纪，电与磁的相互联系已渐渐为人类所掌握，既然自然界有

永磁体，保持永恒的磁性，会不会也有一种物质永远保持带电呢？当时，英国的电磁学大师法拉第就认为，世界上有永电体，可惜一直没人能找到。

↓秦陵兵马俑

永电体竟然是树脂

1919年，一位日本科学家把熔化的蜂蜡、树脂等不带电的物质置于电容器中，并加上很强的电场。这时蜂蜡树脂就会带电，待蜂蜡树脂凝固后，表面就带有一层电荷，这时即使撤去电场，这层电荷也无法移动，这时蜂蜡树脂就成为一个永远带电的永电体了，也称为驻极体，这是因为它所带的电荷能永远驻扎在不导电物质表面的缘故。

经测量，这块永电体在博物馆保存了45年后，它表面的带电量只比原先减少了20%。有意思的是，永电体是人们从永磁体联想到的，它的一些性质竟然也与永磁体极为相似。我们知道，无论怎么劈开一块永磁体，它总包含 N和S两个极。另外，要想保持永磁体的永磁性，可以用一块软铁条把两磁极连结起来。人们研究发现，驻极体也具有类似的性质：把驻极体分割后，每块驻极体表面都同时出现正负电荷，而要使驻极体表面电荷不消失，也要用一根导线把两极连结起来。

近年来，驻极体的形成机理与应用技术正方兴未艾，人们可以用高分子材料制成性能良好的驻极体，可以制成驻极体传声器、驻极体电话等，通常用驻极体制成的器件体积小、重量轻，经久耐用，因此是一种很有前途的新材料。

驻极体与永磁体有许多类似的性质。例如，把一根条形磁铁折成两段，每段仍具有南北两极；若把驻极体分割开来，则每一部分的表面也都出现正负电荷。要长期保存永久磁铁的磁性，应当用一块软铁把它的两个磁极连接起来，使磁路闭合；要想把驻极体的电荷保持得更长久，也要用一根导线把两极连接起来。

↓中国科技馆

探讨摩擦生电

其实我们生活中有很多现象能说明摩擦起电这一现象，比如，冬天用梳子梳头，会听到"噼噼啪啪"的响声，如果是在黑暗中，还可以从镜子里看到头上迸出的火花；在黑暗中脱化纤衣服，也可以听到响声，看到火花。这些都是摩擦生电现象。

◆ 历史悠久的发现 ➤

古希腊的泰勒斯曾发现摩擦过的琥珀能吸引丝线等细小物体，拉丁语中有关电的词语的词根就是源于古希腊词"琥珀"。我国东汉哲学家王充在《论衡》中也记载了类似的现象，并将其与磁石吸引针的静磁现象联系起来。

16世纪，英国医生吉尔伯特通过实验发现，不仅琥珀经摩擦后能吸引轻小的物体，而且金刚石、水晶、玻璃、松香等在摩擦后也有"琥珀之

力"，于是他根据希腊文琥珀一词创造了"电"这个名称，并把上述经过摩擦后的物体称为电化了的物体或带了电的物体。

此外，他还制作了第一只验电器，用它来检验物体是否带电。美国的富兰克林通过一系列实验发现存在着两种电荷，并分别称它们为阳电荷及阴电荷，即我们通常所说的正电荷和负电荷。富兰克林规定，经丝绸摩擦过的玻璃棒上所带的电荷为正电荷，而经毛皮摩擦过的硬橡胶棒上所带的电荷为负电荷。

↓中国丝绸

摩擦理论起源之初有两种学说，一种是凹凸啮合说，一种是粘附说。

凹凸啮合说是从15世纪至18世纪，科学家们提出的一种关于摩擦力本质的理论。凹凸啮合说认为摩擦是由相互接触的物体表面粗糙不平产生的。两个物体接触挤压时，接触面上很多凹凸部分就相互啮合。如果一个物体沿接触面滑动，两个接触面的凸起部分就会相互碰撞，产生断裂、磨损，就形成了对运动的阻碍。

粘附说是继凹凸啮合说之后的一种关于摩擦力本质的理论。最早由英国学者德萨左利厄斯于1734年提出。他认为两个表面抛得很光的金属，摩擦力会增大，可以用两个物体的表面充分接触时，它们的分子引力将增大来解释。

原来是电子的得失

那么，为什么摩擦能生电呢？原来，组成物质的原子是由带正电荷的原子核和带负电荷的核外运动电子所构成的。在通常情况下，由于原子里电子的数目与原子核中质子的数目相等，所以原子以及由它所构成的物体呈电"中"性。当两种物体相互摩擦时，如果这两种物体中的电子脱出原子及物体表面所需要的功不一样，其中一物体会失去一些电子，而另一物体将会获得一些电子。

例如，用丝绸摩擦玻璃棒时，通常，玻璃棒将失去一些电子，丝绸则将获得一些电子。这样就破坏了原来两个物体的电中性。当这两个物体分开后，失去电子的物体，内部的正电荷总数多于负电荷，从而呈现为带正电；获得电子的物体内部负电荷总数多于正电荷，呈现为带负电。电荷对于物体之间存在着引力和斥力，电荷引力可以吸引一些细小的物体。这就是摩擦生电的原理。

受风的作用，云在运动过程中，某些云团带正电荷，某些云团带负电荷。它们对大地的静电感应，使地面或建筑物表面产生异性电荷，当电荷积聚到一定程度时，不同电荷云团之间，或云与大地之间的电场强度可以击穿空气，开始游离放电，我们称之为"先导放电"。

↓加大摩擦力

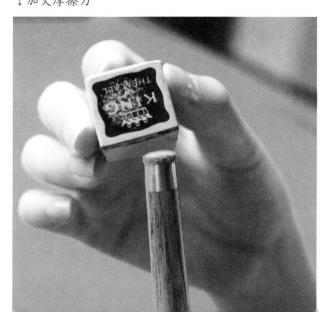

探讨水力发电

提起水力发电，很多人肯定想到大坝，没错，像著名的三峡大坝、葛洲坝、小浪底大坝等都是综合性的水力发电站。那么，怎么样用水来发电呢？就让我们一起来看看吧。

智慧的结晶

水力发电是利用流动的水所具有的机械能来发电的。流水推动水轮机，使发电机的磁铁绕组旋转，产生变化的磁场，变化的磁场进而在周围的线圈绕组内感应出电流。这样，发电机就能发出电来了。

为了获得较大能量的水流来推动水轮机，作用在水轮机上的水流必须有较大的势能。水流的流速越快、落差越大，水流所具有的势能就越大，利用水轮机转换势能而得到的动能就越大。人们可以利用河流的落差或天然瀑布的落差发电，但地球上落差较

大的河流或瀑布并不多，而且河水还分丰水期和枯水期，这样就不能获得稳定的发电量。

因此人们使用人工的方法来加大水流的落差和流速，即在河流中落差较大、较为狭窄的河段建筑堤坝，拦河蓄水，让河水从高高的堤坝上倾泻而下，推动水轮机发电。例如前面提到的三峡大坝、葛洲坝、小浪底大坝莫不如此，都是大型的水电站。此外，在一些山区较小的河流上，可以

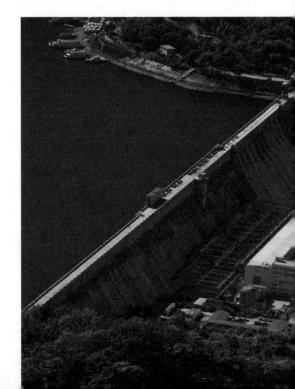

丰满大坝→

用一些小的水轮机建设小水电站，解决分散人口的用电问题。水力发电相对于其他发电方式，具有成本低、污染小、电价低等特点。

我国水利发电现状

　　中国不论是水能资源蕴藏量，还是可能开发的水能资源，都居世界第一位。截至2010年，中国水电总装机容量已突破2亿千瓦，水电能源开发利用率从改革开放前的不足10%提高到30%。水电事业的快速发展为国民经济和社会发展做出了重要的贡献，同时还带动了中国电力装备制造业的繁荣。小水电设计、施工、设备制造也已经达到国际领先水平，使中国成为小水电行业技术输出国之一。

　　但是，在开发水能过程中也存在一些问题。像建设水库拦蓄河流，这就可能对水库周围及下游的生态带来不可低估的影响，如黄河上的水电站带来了泥沙淤积、下游断流等严重的生态问题；长江三峡水电站在建设过程中，造成上百万居民迁移，淹没了一些风景区和古迹文物，对社会成员的心理也造成了不可低估的影响。

知识链接

　　发电站就是把其他形式的能量转化成电能的地方，比如说水电站就是把水能转化成电能，火电站就是垃圾等燃烧的热能转化成电能，核电站就是把核能转化成电能，太阳能电站就是把太阳能转化成电能。

↓三峡大坝

【神奇的世界】

◎ 策划制作　　滕書堂文化

◎ 组稿编辑　　张　树

◎ 责任编辑　　王　珺

◎ 封面设计　　刘　俊

◎ 图片提供　　全景视觉

　　　　　　　图为媒

　　　　　　　上海微图网络科技有限公司